梨密植栽培模式及配套技术

刘振廷 等 ◎ 编著

中国林业出版社
China Forestry Publishing House

◎ **内容提要** ◎

本书内容包括梨优良品种简介、梨树生物学特性、梨苗繁育、建园、梨行状和团状密植栽培模式及施工设计、土肥水管理、整形修剪、花果管理及贮藏保鲜、病虫害防治等内容，书中介绍的团状密植栽培模式是一种创新栽培技术，它解决了传统的行状栽培模式中树体上强下弱、光照分配不均、下部果质量下降等问题。因此，由均匀栽植改为非均匀栽植是果树栽培史上的一次大变革，是今后发展果园的新方向。本书内容源于试验、示范，来自生产实践，栽培模式新颖、技术实用性强，适用于农村广大村民、梨树发展种植户、密植梨专业户、果树专业合作社、家庭农场、果树发展大户。也可供果树科研单位、果树园艺院校师生阅读参考。

图书在版编目（CIP）数据

梨密植栽培模式及配套技术 / 刘振廷等编著 . -- 北京 : 中国林业出版社, 2021.9
ISBN 978-7-5219-1309-5

Ⅰ . ①梨… Ⅱ . ①刘… Ⅲ . ①梨—果树园艺 Ⅳ . ① S661.2

中国版本图书馆 CIP 数据核字（2021）第 166895 号

策划编辑： 何增明
责任编辑： 袁　理

出版	中国林业出版社
	（100009　北京西城区刘海胡同 7 号）
电话	（010）83143568
印刷	河北京平诚乾印刷有限公司
版次	2021 年 9 月第 1 版
印次	2021 年 9 月第 1 次
开本	880mm×1230mm　1/32
印张	5.25
字数	142 千字
定价	45.00 元

"魏县林果技术开发丛书"编委会

主 任 委 员：刘卫国
副主任委员：郭延凯　李振江
委　　　员：王建功　刘振廷　李梅月　安金明　路　露

《梨密植栽培模式及配套技术》编著名单

主　　编：刘振廷
副 主 编：李梅月　郭延凯
编 著 者：李振江　牛鹏斐　安金明　李云峰　王永博
　　　　　周占兵　潘文明　贾艳利　路　露　李书凤
　　　　　常建华　李慧娟　王　宁　崔雪玲　李金岭
　　　　　朱蕊颖

▲ 密植梨园花期授粉

▲ 密植梨园花期状

▲密植梨园结果状

▲ 株行距 0.65m×3m，行状密植栽培模式

▲ 株行距 1.2m×4 m，行状密植栽培模式

▲ 株行距 1m×4m，行状密植栽培模式

◀ 团状栽培示范园

▲ 团状密植栽培模式,梅花形五株团建园第 2 年

▲ 团状密植栽培模式、三角形三株团建园第 2 年

▲ 果园生草与节水灌溉

▲ 魏县'鸭梨'

▲ 魏县'红梨'

▲ '美香鸭梨'

▲ '新梨 7 号'

▲ '秋月梨'

▲'黄冠梨'

▼'翠玉梨'

▲ '红香酥'

▲ '银白梨'

▲ '玉露香'

▲ '早酥红梨'

▲ '苏翠1号'

▲ '金丰鸭梨'

Preface

前言

  梨原产于中国，距今已有两千五百余年的栽培历史。在梨树长期的栽培过程中，经历了稀植大冠栽培、中密度中冠栽培、密植栽培和高度密植栽培等多种栽培模式，总的趋势是由稀植向密植逐步发展。在生产管理上由自然生长型向粗放管理型、精细管理型和省力省工管理型发展。在这些发展变化过程中，栽培模式不断进步带来了梨产量的增加和品质的提高，随之而来的是梨农收入的不断递增。

  在梨树长期栽培管理的过程中，栽培技术明显进步，但在栽培过程的实践中又发现了一个长期没有改变的现象，那就是单位面积中栽植株数的多少在变，而栽植方式始终没有改变——株距的变化和行距的变化，但仍是行状栽植的模式。在行状密植栽培模式中，除诸多优点之外仍存在不足之处。如主干型密植栽培模式 5～6 年以后表现出上强下弱的问题，行内结果枝无生长空间，根系分布由四周分布被迫变成向两侧分布，吸收根范围受到限制。这些问题如得不到妥善解决，会逐年影响果实的产量和质量，继而缩短梨树的寿命。

  为解决好上述问题，作者团队在多处果园开展了团状密植栽培模式试验和示范，已取得了较理想的效果。在单位面积栽植同样株数的情况下，由行状改团状，使团内每株树上的结果枝插空生长，解决了行状栽植行内空间小不能延长生长的弊病；树型由主干型变为弯曲主干型，削弱树势上强的问题；主干刻芽采用基部刻三芽留三芽促发壮枝，解决了下部枝偏弱或逐步死亡的问题。水肥管理采取定点施肥、浇水（固定施肥穴），既节约用水又扩大了根系生长范围，主干上部的弯曲部分向外倾斜30°～35°，既扩大了树冠分布空间，又解决了光照不足的问题。

团状栽培模式改变了千百年来传统的行状栽培方法，是果树栽培的一次革命，尽管这一新生事物还不够完善，还需要科研单位和大专院校的专家学者及有实践经验生产者继续开展此项研究，进一步丰富和完善这一新的栽培模式和与此相匹配的栽培技术，逐步扩大示范面积，尽快推广于梨树栽培的广大区域，期盼早日为果农带来更大的经济效益。

本书除重点介绍了团状栽培这一模式之外，还重点介绍了生产上针对不同树型正在应用推广的主干型密植栽培、弯曲主干型密植栽培、"Y"字形密植栽培等不同的栽培模型和与之对应的配套栽培技术，从而既起到认识和尝试新的栽培方法，又普及推广现已成熟的密植栽培新技术，为广大读者特别是密植梨生产者提供多种栽植模式和栽培技术，供选择参考。

由于梨密植栽培正处于起步和逐步推广的阶段，有些技术还需要在生产实践中去验证，因此书中难免有不足之处，恳请读者提出合理化建议和意见，以便在以后修订时加以补充和完善。

编著者
2020 年 11 月

第一章 概　述 ··· 1
第一节　梨树栽培的经济意义 ····················· 1
第二节　梨树栽培现状和发展前景 ·················· 2

第二章　梨优良品种 ································· 4
第一节　梨树的种类 ····························· 4
第二节　梨主要优良品种 ························· 6

第三章　梨树的生物学特性 ························· 13
第一节　生长结果习性 ··························· 13
第二节　梨树对环境条件的需求 ··················· 19

第四章　苗木繁育 ··································· 21
第一节　砧木苗的培育 ··························· 21
第二节　嫁接苗的培育 ··························· 24

第五章　建　园 ····································· 30
第一节　园地选择和规划 ························· 30
第二节　梨园防护林建设 ························· 32

第三节　排灌系统 …………………………………………… 34
　　第四节　梨树定植 …………………………………………… 35

第六章　梨树密植栽培模式及施工设计 …………………………… 39
　　第一节　行状密植栽培模式 ………………………………… 39
　　第二节　团状密植栽培模型及施工设计 …………………… 45

第七章　土、肥、水管理 …………………………………………… 59
　　第一节　土壤管理 …………………………………………… 59
　　第二节　施肥管理 …………………………………………… 61
　　第三节　灌溉管理 …………………………………………… 72

第八章　密植梨整形修剪 …………………………………………… 74
　　第一节　树体结构与树团结构 ……………………………… 74
　　第二节　不同树体结构的整形修剪 ………………………… 79

第九章　花果管理与采收贮藏 ……………………………………… 87
　　第一节　花果管理 …………………………………………… 87
　　第二节　生长调节剂的应用 ………………………………… 96
　　第三节　果实采收贮藏 ……………………………………… 99

第十章　梨树主要病虫害防治技术 ………………………………… 107
　　第一节　病害 ………………………………………………… 108
　　第二节　虫害 ………………………………………………… 132
　　第三节　鸟害 ………………………………………………… 145

参考文献 ……………………………………………………………… 148

第一章 概 述

CHAPTER 1

第一节 梨树栽培的经济意义

一、梨的营养价值

梨的果实中含有多种人体需要的营养物质,可溶性固形物含量在 10%～14%,糖含量普遍在 8% 以上。在每 100g 果肉中,含碳水化合物 12g,蛋白质 0.1g,脂肪 0.1g,胡萝卜素、维生素 B_1 和维生素 B_2 各 0.01mg,烟酸 0.2mg,维生素 C3mg,铁 0.2mg,钙 5mg,磷 6mg 等。这些营养物质对人体健康具有一定作用。梨果肉脆、汁多、酸甜适口、风味佳,有的品种芳香味浓,是深受人们欢迎的水果之一。

二、梨的药用价值

据记载,中医药认为梨性为甘寒,有润肺、清心、止咳、消痰,解肺热、火盛、酒毒、胸闷及气短等;据《本草纲目》记载:梨润肺凉心、消痰降火、解疮毒等，可用于治疗感冒、支气管炎、咳嗽、烦渴失音、便秘、解酒毒等。《罗氏会约医镜》指出：梨"外可散风，内可涤烦。生用，清六腑之热。熟食，滋五脏之阴。"中国人民至今仍有用梨膏、梨止咳糖浆等药膳医治咳嗽、感冒和支气管炎的传统习惯。可见梨是一种较好的食疗果品。

三、梨果加工

梨除鲜食外，还可被加工制作成罐头、果汁、果干、果脯、药膳、果酒和果醋等加工品。梨果多数品种较耐贮藏，有的可贮藏8个月以上，对果品全年供应市场具有重要意义。目前在全国市场销售的秋梨膏、梨膏糖、梨止咳糖浆及各品牌的梨罐头等产品，受到消费者的欢迎。

第二节 梨树栽培现状和发展前景

一、生产现状

梨是中国发展最快的水果之一，在国内外水果市场上占有重要位置。2004年梨栽培面积和产量分别为 $1.208 \times 10^6 hm^2$ 和 $1.012 \times 10^7 t$，占世界梨栽培面积和产量的69%和56.5%，居世界第一位；占中国各类水果栽培面积和产量的11.7%和12.9%，位居中国第三。近几年来，梨栽培面积趋于稳定，梨果产量却在大幅度上升。这说明中国梨生产经营者的思想理念已逐步从单纯追求数量、面积向发展提高产量和质量上转变。

河北是中国梨树栽培大省，据2017年统计数据，栽培面积和产

量分别为 $2 \times 10^5 hm^2$ 和 $3.43 \times 10^6 t$，占全国栽培面积和产量的 21.7% 和 20.9%，面积和产量居中国首位，是第一大梨生产省份。其他梨主产省份有山东、河南、山西等。

二、发展前景

目前全国梨发展面积趋于稳定，梨果产量和质量正在稳步提升，但果品的加工利用还是落后于国外。在国内水果销售市场上明显出现了优质优价和劣质劣价的现象，这充分说明了人们的生活水平日益提高，优质梨果供应不足。因此，在梨栽培过程中，培育生产优质梨果、绿色梨果和有机梨果供应市场是今后发展的方向，具有广阔的发展前景。

第二章
梨优良品种

CHAPTER 2

第一节 梨树的种类

梨为蔷薇科梨属植物。梨属植物共分30种，中国有13种，生产上主要有以下几种：

一、秋子梨（*Pyrus ussuriensis*）

此种主要分布在东北各地，野生于森林中、河谷中和下山带。植株高大、果形变化较大，果肉不耐贮藏，抗寒力极强，能耐-37℃的低温，抗黑星病和腐烂病。其种子繁殖容易，发芽力强，根系发达，是东北梨栽培的砧木。本系统的梨品质不如白梨系统、沙梨系统和西洋梨系统，而且果实小，必须经后熟方能食用。但也有少数品种品质比较优良，如'南国梨''京白梨''大香水''小香水'等，这些品种果实经后熟后具有浓郁的芳香味，肉软、易"溶"于口，味道极佳。

二、白梨（*Pyrus bretschneideri*）

此种为栽培种，原产华北，以河北、山东、河南、山西较多。株高一般为 5～10m，新梢及幼叶密生白色茸毛。叶片多为卵形或阔卵形，先端突尖。果倒卵形或长圆形，萼片脱落，间有宿存；果柄长，果皮黄色，石细胞少，不需后熟即可食用；果实耐贮藏，有些品种可贮至 6 个月以上。白梨抗寒力不如秋子梨，一般在 -25℃低温下即可产生冻害。

此系统栽培品种最多，可达 500 种以上。其中著名的品种有河北的'鸭梨''雪花梨'，山东的'莱阳梨''长把梨'，辽宁的'秋白梨'新疆的'库尔勒香梨'，甘肃的'冬果梨'，四川的'金川雪梨'等。

三、沙梨（*Pyrus pyrifolia*）

此种主要分布在长江流域及其以南地区。植株高大，株高 7～15m，新梢及幼叶具白黄色茸毛。叶卵圆形，宽大、尖端特尖长，边缘锯齿粗，基部圆形或心脏形。果实圆形或扁圆形、长圆形、果皮褐色或黄褐色，少数为绿黄色；萼片脱落，间有宿存；果肉脆而多汁，石细胞少，味甜，不经后熟即可食用，一般无香气，较耐贮藏。此种抗寒力不如白梨，但强于西洋梨。此种的著名栽培品种有云南'宝珠梨'，安徽的'砀山酥梨'，四川的'苍溪梨'，贵州的'大黄梨'等。

日本、韩国种植品种基本梨属于沙梨系统。

四、西洋梨（*Pyrus communis*）

西洋梨属国外引进品种。中国引进的西洋梨主要分布在环渤海湾地区。此种的栽培品种株高 6～8m，枝多直立，小枝光滑无毛。叶片小，革质，卵圆形或椭圆形、全缘、无毛。果实多葫芦形，萼片宿存，采收后经后熟方能食用，后熟后肉质柔软易"溶"，绝大多数不耐贮藏。

西洋梨抗寒力弱，一般遇 -22℃低温即遭受较重冻害，枝干易得火疫病。主要栽培品种有'巴梨''红巴梨''茄梨''伏茄梨''日面红''红安久''早红考密斯'等。

五、种间杂交育成品种

新中国成立以来，国家对果树产业发展十分重视。各地都成立了果树研究所，对果树栽培技术进行全方位研究，取得了大批科研成果，为我国果树生产的发展起到了技术支撑作用。在梨杂交育种选育方面成果突出，新品种不断涌现，经试验、示范后向果区推广应用，为果农带来了巨大的经济效益和社会效益。

这些品种是我国梨树育种专家经过十几年乃至几十年辛勤努力获得的成果，是科研工作者利用上述四大系统中表现良好的种质资源，进行系统内、系统间品种杂交组合，取得杂交种子，再经过繁育、结果后筛选，最终取得的杂交梨新品种。它们实质上是两个梨品种的重新组合，去掉了原品种的缺点，利用优点形成了表现优良的新的组合体。这些新品种的不断出现，为我国梨产业的发展增添了后劲，为广大果农带来巨大的经济效益，深受梨农的欢迎。

杂交育种和选育的新品种目前在生产上推广应用的有：'黄冠''红香酥''玉露香''新梨7号''翠玉''苏翠1号''秋月''美香鸭梨''金丰鸭梨'、魏县'红梨优系'等。

第二节　梨主要优良品种

一、早熟品种

1.'新梨7号'

由塔里木大学与青岛农业大学杂交选育，母本为库尔勒香梨，父本为早酥梨杂交选育的红色梨新品种。果实中大、平均单果重224.8g，最大果重360g。果实卵圆形，果顶略尖，果点小不明显，果梗较短，萼片宿存，萼洼浅。果面平滑有光泽，果皮薄、黄绿色，成熟果底色浅黄，阳面有红晕。果肉白色，肉质细嫩，石细胞极少，汁多，味甘甜香味浓。可溶性固形物含量12%左右，品种极上。7月中旬即可采食，适宜采收期是7月底至8月初，可延长至8月下旬。果实耐贮藏，在普通土窖贮藏条件下，可贮至翌年4月上旬（约9个月）。由于果实成熟早、溢香，易受鸟害。

2. '早酥全红梨'

此品种是从陕西某果园中发现得早酥梨的芽变品种，果面红白相间呈条红状，取名为'早酥红'，后又从'早酥红'植株中选育果面全呈红色的植株，又取名为'早酥全红梨'。

果实大型，平均单果重260g，大果500g，果实近圆形，果顶尖，有五棱，果点小而密，萼片宿存，萼洼深，果梗较短。果皮薄，果面呈全红色，外观美。果肉白色，肉质酥脆，风味甘甜，可溶性固形物含量12.2%，品质上等。在邯郸地区7月下旬成熟。

该品种嫩叶红色，花为浅红色，幼果为紫红色，成熟时变为红色，具有观赏、食用双重价值，是观光采摘园的理想品种。该品种适应性强、抗寒、抗旱、对土壤要求不严。

3. '黄冠梨'

河北省农林科学院石家庄果树研究所育成，亲本为'雪花梨'בׁ新世纪'。果实大，平均单果重246g，最大果重596g。果实椭圆形、高桩、萼洼浅，萼片脱落，果梗长，外观似'金冠'苹果。果实成熟时金黄色，果点小较稀，果皮薄，果面光洁、无锈斑，外观极美。果肉白色，石细胞少，松脆多汁，可溶性固形物含量11.5%左右。风味酸甜适口，香气浓郁，果核小。果实8月上旬成熟，较耐贮藏运输，常温下可贮藏1个月左右，冷库可存至春节前后（约7个月）。

4.'翠玉'

'翠玉'是目前浙江农业大学育成的早熟梨新品种,以'西子绿'作母本、'翠冠'作父本杂交培育而成,与'初夏绿'是姐妹系。果皮呈鲜艳夺目的翠绿,外观美,无明显的果锈,与'翠冠'相比优点明显。成熟期比'翠冠'早10天左右,平均单果重350g,果形圆球形,果个均匀,果面光洁、翠绿,肉质细脆多汁,无石细胞,果心小,可食率90%以上,可溶性固形物含量12%以上,清甜爽口,受消费者喜欢。

5.'苏翠1号'

'苏翠1号'由江苏省农业科学院果树研究所以'华酥'作为母本、'翠冠'作为父本杂交选育的早熟沙梨新品种。早果,丰产性好。树姿较开张,叶片长椭圆形,每花序5～7朵花,花粉量多,果实卵圆形,平均果重260g。果面平滑,蜡质多,果皮黄绿色,果锈极少或无,果点小疏。梗洼中等深度。果心小,果肉白色,肉质细脆,石细胞极少或无,汁液多,味甜。果实生育期105天,南京地区7月上中旬成熟。

二、中熟品种

1.'红香酥'

中国农业科学院郑州果树研究所用'库尔勒香梨'דが鹅梨'杂交选育而成。平均单果重200g,最大508g。果实长椭圆形,果点小不明显,果梗长,萼片脱落。果皮光滑,果面2/3呈鲜红色,蜡质多,外观艳丽。果肉细而酥脆、肉白色,果心小,香味浓,品质极上。可溶性固形物含量13%～15%。该品种在河北邯郸地区9月初成熟,耐贮性好,常温下可贮2个月,恒温库可贮至翌年2～3月(约6个月)。具有白梨的抗性和西洋梨的香味。可作为主栽品种推广栽植。

2.'玉露香'

山西农业科学院果树研究所育成,以库尔勒香梨为母本、雪梨为父本杂交选育而成。果实平均单果重 200～450g。果实卵圆形，果点小而密，果梗较短，萼片脱落或宿存。果面光洁，稍有棱沟，果皮薄，黄绿色，阳面有红晕，果肉细嫩，脆甜多汁，可溶性固形物含量 14% 左右，品质极上。在河北邯郸地区 9 月上旬成熟，果实耐贮藏，常温下可贮存 2 个月，冷藏可贮至翌年 3～4 月（约 8 个月）。定植后结果初期有花芽僵死现象，盛果期僵芽现象减轻。

3. '美香鸭梨'

由河北省魏县林果开发服务中心（原属魏县林业局）正高级工程师刘振廷等组成的"'鸭梨'变异品系筛选试验研究"课题组，从 6 个'鸭梨'变异品系中选育出的优良变异品种，于 2012 年通过河北省科学技术厅组织的专家鉴定，并定名为'美香鸭梨'。2019 年荣获邯郸市科技进步一等奖。

该品种除保持了'鸭梨'的优良性状外，果实在四个方面产生变异：一是果点稀少，只有'鸭梨'果点数量的 13.4%，使果实外观变得更美；二是香味浓于'鸭梨'，特别是贮藏后香味更加浓郁；三是果肉更加细嫩无渣，'鸭梨'果肉是暗白色，而'美香鸭梨'的果肉为洁白色，十分鲜嫩；四是成熟期延迟 10 天左右，增加了耐贮藏性。总之，该变异品种将来有望逐步代替'鸭梨'，完成'鸭梨'的更新换代，发展前景广阔。

4. '秋月'

'秋月'属沙梨系统，1998 年日本农林水产省果树试验场用 '162-29'（'新高'בF水'）ב幸水'杂交育成并命名。2010 年前后引入我国，目前山东、河北、河南、山西等地均有栽培。果实较大，平均单果重 450g，最大 1500g。果皮红褐色，果实扁圆形，果形端正，果形指数 0.9 左右。果实大小整齐，果肉乳白色，肉质细脆，汁多味甜，口感清香爽口，石细胞少。果核小，可食率 95% 左右，可溶性固形物含量 13% 左右，最高可达 15.6%。成熟期为 9 月中旬，采后20天变"面",不耐贮藏。

三、晚熟品种

1. '红梨优系'

'红梨'是河北魏县独有的古老地方品种,外地区无大规模种植,其记载的栽培历史悠久,最迟应始于三国曹魏黄初年间(220—226)。'红梨'功效奇特,既可鲜食,又可加工,医疗保健作用明显。但这一历史遗产的价值并未被真正挖掘,它的独特功能除在邯郸地区和河南安阳、新乡一代小范围销售区传播外,还鲜为人知。为挖掘这一历史遗产,魏县林业局成立"'红梨'选优及配套栽培技术研究"课题组,2007—2008年,利用2年时间,对'红梨'进行调查和选优工作,最终选出10株优良单株,于2014年12月通过了省级科技成果鉴定,2015年荣获邯郸市科技进步二等奖。

魏县'红梨'性凉、味甘微酸,入肺、胃经、能生津润燥、清热化痰,民间有"生者清六腑之热,熟者滋五脏之阴"的说法。生吃'红梨'能明显缓解上呼吸道感染导致的咽喉干痒、疼痛、声音嘶哑、口腔疮疡、烦渴思饮以及便秘、尿赤等阴虚、虚热症状;熟吃'红梨'可滋阴润肺、止咳祛痰,对嗓子具有良好的滋润保护作用。'红梨'还有保肝脏、助消化、增食欲、降血压及养阴、清热、镇静、解酒的作用。

魏县'红梨'可深加工,制成罐头、果汁、果脯、止咳糖浆、梨膏、果酒、果茶等。

果形高桩卵圆形,平均单果重180g,最大450g。果皮黄褐色,果点暗,小而密,果梗长,果核小,果形端正。果肉白色,汁液中多,石细胞少,味酸甜,稍有涩味,果心小,含可溶性固形物13%~14%,果实10月上中旬成熟。耐贮藏,耐运输,可贮藏至翌年5月(约8个月),果不变形,不变质。该品种为保健水果,食疗效果明显，有药用价值，在河南安阳、新乡等地广大乡村较普遍食之，已延续百年。经济价值比其他品种高出 1～2 倍。目前栽培面积小，梨果供不应求，是值得开发利用的品种。

2.'爱宕'('晚秋黄梨')

原产日本，是日本冈山县龙井种苗株式会社推出的新品种。亲本为'20 世纪'×'新春秋'，1982 年被日本农林水产省发布的《种苗法》认定为新品种。20 世纪 80 年代引入我国，经栽培表现良好。目前在梨各产区均有栽培。

果实特大，单果重 350～500g，平均 415g，最大 2100g，果形端正，过大者果形不端正。果实多呈扁圆形，果皮薄、黄褐色，果梗中粗、中长，梗洼深，萼片脱落，萼洼狭深。果肉白色，肉质松脆，汁多味甜，石细胞少，可溶性固形物含量 12.7%，品质上。果面较光滑，果点较小而中密。果实耐贮，不易褪色，在邯郸地区 10 月上旬成熟，窖藏可贮至翌年 5 月（约 8 个月）。该品种自花结实率高，达 72.5%～81.2%，栽后当年成花，翌年结果。抗寒抗旱能力强，抗干腐病和黑星病能力极强。

四、西洋梨品种

1.'早红考密斯'

来自于英国的早熟优质西洋梨品种。山东农业大学罗新书教授于 1979 年引入山东。目前全国梨栽培区均有栽植。

该品种果实粗颈葫芦形，果个中大，平均单果重 190g，最大 280g。幼果期果实呈紫红色，果皮薄，成熟时底色黄绿，果面紫红色，较光滑。阳面果点细小、中密、不明显，蜡质厚；阴面果点大而密、明显，蜡质薄。果梗粗短、弯曲，基部略肥大，梗洼小而浅。宿萼、萼片短小，萼洼浅，中广。果肉雪白色，半透明，稍绿，质细，酥脆，石细胞少，果心中大，可食率高。经后熟肉质细嫩，易'溶'、汁液多，具芳香，风味酸甜可口，品质上等。采收时可溶性固形物含量12%左右，后熟一周达14%。在邯郸地区7月下旬成熟，果实常温下可贮存15天左右，在5℃左右温度条件下可贮存3个月。

2.'红巴梨'

美国品种，系巴梨的红色芽变。山东省果树研究所于1984年4月自澳大利亚引入我国。果实中大，平均单果重208g，大果达374g。果实粗颈葫芦形，果梗粗短，萼片宿存，果面凹凸不平。果皮自幼果期即为褐红色，成熟时果面大部呈褐红色。果点小而密，果肉白色，可溶性固形物含量12.5%。采后10天左右果肉变软，易'溶'于口，味浓甜，品质上。在邯郸地区9月上旬成熟，不耐贮藏，常温下可贮藏20天左右。

第三章
梨树的生物学特性

CHAPTER 3

第一节　生长结果习性

一、生长习性

(一)根系

1. 根系结构

梨树根系通常有主根、侧根、须根和吸收根等部分组成。主根是由种子胚根发育而成，垂直向下生长。在主根上分生出的根叫侧根，侧根可分为一级侧根、二级侧根，依次类推。主根和大侧根构成梨树根系的骨架，称为骨干根。骨干根上生长的细小根系称为须根。须根先端发生的白色新根称为吸收根。吸收根先端发生的小突起叫根毛。

梨树根系以发生的姿势看，可分为垂直根和水平根，即与地面近于水平生长的根系称为水平根，与地面近于垂直生长的根系称为垂直根系，垂直根系分布较深。

2. 根系的分布与生长规律

梨树根系的垂直分布深度为 2～3m，水平分布为冠幅的 2 倍左右，多分布于肥沃疏松、水分良好的上层土中，以 20～60cm 土层中分布最多最密，80cm 以下较少。水平分布则愈近主干根系愈密，愈远则愈稀，树冠外一般根较少，并有多细长、少分叉的根。

梨树根系一般每年有两次生长高峰。春季发芽以前，根系开始活动，以后随着温度上升而日渐转旺。到新梢转入缓慢生长后，根系生长明显加快，新梢停止生长后，根系生长最快，形成第一次生长高峰之后转慢。到果实采收前根系生长又转强，出现第二次生长高峰，之后随着温度的下降而进入缓慢生长期。落叶以后到入冬时，生长微弱至停止生长。

3. 根系的功能

梨树根系主要功能是吸收、贮藏和合成有机物质。根系从土壤中吸收水分和矿物质及少量有机物，还从土壤中吸收二氧化碳。梨树需要的二氧化碳约有 25% 是由根系吸收的。根系还是重要的贮藏器官，全树淀粉贮藏量的一半以上是在根中。在骨干根中贮藏的碳水化合物，有时可占鲜重的 12%～15%。这些贮藏营养能供应梨树一年中生长结果的需要。

根系在梨树生命活动中更重要的功能是合成多种有机物。如从土壤中吸收的氨态氮、硝态氮，主要是在根部转化成氨基酸和酰胺等，而合成氨基酸需要的有机酸是由叶片运输的糖转化而来，由糖转化而来的有机酸与氨盐作用形成多种氨基酸的混合物，然后再运往地上部，如果实、生长点和幼叶内，供合成蛋白质用。

根系还能合成生长素、细胞分裂素、玉米素和其他生理活动性物质，对地上部的萌芽、新梢生长、果实膨大及细胞分裂等过程起重要调解作用，根系也能合成核酸、核苷酸磷脂、核蛋白等有机磷化合物和某些酶类。

4. 根颈、根蘖和菌根

（1）根茎　根和茎（树干）的交界处称为根颈。实生根的根颈是由胚轴发育而成。它是梨树器官中功能最活跃的部分，栽植时根茎过深或过浅，均引起生长不良和早衰。管理不当时，初冬和早春易引起冻害，对树体影响极大，幼树期应注意保护。

（2）根蘖　由水平根上发生的不定芽形成的幼苗。梨树属于根蘖少的种类，若根蘖多易消耗大量的营养而影响梨树的生长发育，一般应及时除掉。

（3）菌根　梨树根系吸收区的小根与土壤中真菌的共生结合体，呈白色绒毛状。它的菌丝体能在土壤含水量低于萎蔫系数时从土壤中吸收水分，其吸收能力比梨树的任何根系都强。大量试验证明，菌根可促进果树对矿物质元素的吸收，尤其可促进对磷、锌、铜等元素的吸收。

（二）树体特性

梨树树体高大、秋子梨高可达30m，白梨次之，沙梨比白梨稍矮。梨树寿命长，有200余年的梨树仍能正常开花结果。梨树萌芽力强，成枝力弱。顶端优势强，在一枝上可抽生1～4个长梢，其余为中短梢。分层明显，大多数成枝力弱的品种在自然生长情况下，即形成疏层形树冠。同一枝上生长差异较大，因而竞争枝很少。同时因顶生枝生长势较强，常形成枝的单轴延伸，出现较多无侧枝的大枝，造成树冠稀疏。梨树多数品种幼树枝条直立，树冠呈紧密圆锥形，以后随结果增多，逐渐开张呈自然半圆形。梨树多中短枝易形成花芽。所以一般情况下梨树均可适期结果。对因生长过旺而修剪过重或受旱涝、病虫危害或管理粗放、生长过弱的树会推迟结果。如加强管理，开张主枝角度，轻剪长放，即可提早结果。

（三）枝条类型

梨树枝条按其长短可分为：短梢（长度在5cm以下）、中梢（长度5~20cm)、长梢（长度20cm以上)。一般长梢生长期达60天以上，中梢40天左右，短梢仅10~20天，如无特殊情况，一般很少发生二次枝。枝上的芽除先端1~4个芽可萌发生长成枝外，其余的芽多数能萌发出中、短梢。

梨树不同长度的新梢其生长有差异。中、短梢的加粗生长与加长生长是同时进行的，生长停止后还能继续加粗。而长梢加粗生长和加长生长是交替进行的。多年生枝的加粗生长是在树体光合产物有积累时开始，枝干愈粗、枝龄愈大、生长愈缓。枝干粗度是树体营养积累多少和树势强弱的一种表现，叶量多、质量好则枝干增粗快。

二、结果习性

1. 梨树的结果年龄

开始结果年龄的早晚，一方面取决种类和品种的遗传性，另一方面与栽培条件的关系密切。在良好的栽培管理条件下，结果可以提前，反之结果会大大延迟。一般沙梨系统的品种结果较早，嫁接后3~5年开始结果；白梨系统和西洋梨系统的品种，大都需要5年以后才能结果，但其中有些品种结果较早，例如'鸭梨'，一般嫁接后3年即结果；多数日本的品种在中国3年即可结果，而在日本要5年左右。秋子梨系统的品种结果较迟，如南果梨等一般需要5~7年才能结果。

2. 梨树的结果枝

梨的结果枝分为长果枝、中果枝、短果枝、果台副梢、腋花芽枝等，多以短果枝结果为主，中、长果枝结果较差。

梨结果枝的花芽开花坐果后，很容易逐渐发育成短果枝群，短果枝群的寿命可达10年以上，有的甚至可达15年之久。一般在开花结果的当年，果台处发出1~2个副梢，在营养状况和管理良好的情况下，这些果台副梢当年即可形成花芽，翌年开花结果。这对保证连年高产稳产具有重大意义。梨的短果枝当年能否形成花芽与其具有的叶片有很大关系。一般短果枝上具有 3～5 片发育正常的叶片时即能形成花芽，有些品种有腋花芽枝结果能力，随着植株年龄的变化，结果习性在不断地发生变化。许多品种在幼龄时期具有很强的腋花芽枝结果及中、长枝结果的能力，而到成年后，由于每年生长量微弱，会转为完全短果枝结果。

3. 梨树的花序

梨树的花序为伞房花序，每花序有花 5～10 朵，通常分为少花、中花和多花三种类型。5 朵以下的为少花类型、5～8 朵为中花类型、8 朵以上为多花类型。梨树开花时边缘外围的花先开，中心花后开，先开的坐果好。梨的种类和品种不同。每花序结的果实数目也不同。沙梨、白梨和西洋梨系统的品种，一般花型较大，每花序结 1～2 个果。秋子梨系统的品种，一般果型均较小，每花序可结 6～7 个或更多，落花后开始坐果和果实发育。

4. 果实生长发育

果实生长发育分为三个时期。第一时期为幼果迅速膨大期，当种子增大至成熟大小时即停止，幼果生长快，体积迅速增殖。第二期为种胚发育吸收胚乳时期，此期果实增长缓慢。第三期在第二期后至果实成熟时止，体积迅速增大，为果实生长最快时期，也是影响果实产量的重要时期。

5. 授粉和受精

梨树开花时，通过昆虫传粉或者人工辅助授粉完成授粉过程。花粉传至雌蕊柱头后，花粉管开始发芽，伸长生长，达到胚囊与卵子结合而完成受精过程。授粉受精过程完成得如何，受许多条件左右。梨的多数品种自花结实率低，有的品种自花不结实，需要配置授粉树，或进行人工辅助授粉。除此之外，环境条件对授粉、受精也是重要因素。如花期温度过高或气温过低都会影响授粉和受精，出现坐果率偏低的现象。

6.坐果和生理落果

经过授粉、受精后，梨花的子房膨大发育成果实，在生产上称为坐果。但是，梨树的开花数并不等于坐果数，而坐果数也不等于秋季成熟的果实数。因为开花后，一部分未授粉、受精的花要脱落，而已授粉、受精的花因营养不良或其他原因而脱落，这种现象叫落花落果。

梨的落花落果现象一年可出现三次。第一次在开花后，未见子房膨大，花即脱落，是未受精的花。这次落花对生产影响不大。第二次出现花后两周，子房已经膨大，是受精后初步发育的幼果，这次落果会造成一定的损失。第三次出现在第二次落果后2～4周，大致在6月，所以又称大月落果，造成损失较大。果实在成熟前也有落果现象，叫采前落果，但这是个别品种的表现。由于这些落果并非由机械和外力原因造成，故通称为生理落果。

生理落果是由多方面原因所造成的。第一次和第二次的落花落果主要是授粉、受精不完全造成的。落果的直接原因是由于生长素不足或生长素不平衡引起果柄形成离层。生长素主要是有种胚产生的，在未受精或受精不良的情况下，由于种胚数量少或发育不良，生长素产生很少，不能满足果实发育的需要；同时，由其他器官产生的生长素，如与种子胚产生的生长素不平衡时，则易出现离层的形成，导致脱落。

第三次落果的原因是由于生长素不足和营养不良而引起的。幼果的生长发育需要大量的养分。种胚的增长主要成分是蛋白质，形成蛋白质需要大量的氮素；此时新梢生长也很快，同样需要大量的氮素，如果氮肥供应不足，二者争夺养分，常使种胚的发育终止，生长素不足，引起落果。因此花前施氮肥对提高坐果率有明显效果。

第二节 梨树对环境条件的需求

一、温度

梨的种类和品种不同，对温度的要求差异很大，原产中国东北的秋子梨系统，对温度条件的要求最低，其次是白梨和西洋梨系统，原产中国南方的沙梨系统要求温度最高。在中国，不同品种系统的主要产区在生长期（4～10月）的温度要求大体为，秋子梨系统14.7～18℃，白梨系统和西洋梨系统18.7～22.2℃，沙梨系统15.5～26.9℃；休眠期（11～3月）的温度要求为，秋子梨系统-13.3～-4.9℃，白梨系统和西洋梨系统-2～3.25℃，沙梨系统5～17℃。

梨树开花需要10℃以上的气温，14℃以上时开花较快，梨花粉管发芽要求10℃以上的气温，24℃时花粉管伸长最快。梨的花芽分化以20℃左右的气温为最好。果实在成熟过程中，昼夜温差大，夜温较低，有利于果实着色和糖分积累，特别有利于叶片的同化作用。

梨树不同种类在抗寒能力方面相差极为悬殊，秋子梨是梨属植物中抗寒力最强的树种，其野生类型可以抗-52℃的低温，其栽培品种如'小香水''花盖梨''尖把梨'等可耐-35℃或更低的温度；白梨的抗寒力次于秋子梨。一般可耐-23～25℃的低温；沙梨的抗寒力比白梨系统的品种弱，但少数品种也可耐-25℃的低温；西洋梨抗寒力最弱，一般仅可耐-20℃的低温，部分杂交种抗寒力较强。

二、光照

梨树是喜光的果树，在光照充足的条件下，能获得较好的收成。梨树发枝力弱，树冠稀疏，其上布满短果枝，这些都说明梨树是一种喜光的树种。美国的研究表明，如果将大树冠分为四层，则最内一层受光量为30%，第二层为31%～51%，第三层51%～70%，最外一层71%～100%。另据调查，不同树形的秋白梨，光照对不同层位的果实质量有影响，外层光强，果实单果就重，可溶性固形物含量比内层高，含酸量比内层低。

吉林农业大学研究了苹果梨田间条件下光合强度变化规律，结果表明苹果梨的光补偿点约为2000lx，光饱和点为53000lx。一年中光合强度6月中旬达到高峰，并一直持续到7月末，以后缓慢下降。一日间以上午8:00～10:00（晴天）光合强度上升最快，中午若光照强度和气温过高时，光合强度反而下降，出现"午睡"现象。其原因是在强光和高温下叶片蒸发量过大，导致气孔关闭，同化能力下降，叶片呼吸强度升高造成的。

三、水分

梨树的需水量比苹果大，在梨的不同系统中以沙梨品种对水分需求最高，沙梨产区年降水量大多在1000mm以上；白梨系统与西洋梨系统对水分要求居中。其主产区年降水量多在650mm以上，秋子梨对水分要求较低，比较耐旱，一般品种的耐旱力大致与苹果相似，需水量在400mm以上。梨比较耐涝，在低氧水中，9天发生凋萎；在较高氧水中11天凋萎；在高温死水中1～2天即死树。在地下水位高、排水不良、空隙率小的黏土中根系生长不良。久雨、久旱都对梨树生长不利，要及时旱灌涝排。

四、土壤

梨树对土壤要求不严，砂土、壤土、黏土都可栽培，但以土层深厚、土质疏松、排水良好的砂壤土为好，梨树喜中性偏酸土壤，但要求不严，pH在5.8～8.5时均可生长，但以pH6～7.2生长良好，梨树耐盐碱能力很强，一般含盐量不超过0.2%的土壤上均可正常生长。

第四章
苗木繁育

CHAPTER 4

第一节　砧木苗的培育

繁育高质量的苗木，是新建梨园获得早结果、早丰产和高产稳产的重要基础。苗木质量的优劣，直接影响栽植的成活率和植株的生长。

一、苗圃地的选择

苗圃地应选择在地势平坦、交通方便、日照充足、背风向阳、有水源的地块。坡地以 2°～5° 的缓坡为好，坡向尤其以东南向为好；地下水位在 1.5m 以下。低洼地不宜做苗圃地。

苗圃地应以土层深厚、肥沃的砂壤土或壤土为宜，有利于种子发芽和幼苗生长，起苗容易，伤根少，栽后成活率高。土壤酸碱度以中性和微酸性为宜。

苗圃地应建防护林，注意通风和防风；周围不能有梨树病虫害的中间寄主（宿主）；地区应排水良好，不宜重茬。

二、砧木的选择和培育

梨树苗木生产一律采用嫁接繁殖、砧木的选择应适应本地区自然条件，在华北地区多采用杜梨做砧木。

（一）杜梨种子的采集

要采集品种纯正、类型一致、充分成熟、无病虫害的杜梨种子。

（1）采种的时期　在杜梨果实成熟期，当种子表皮变为黑褐色时，表明果实已近成熟，即可开始采收。采种母树应在20年生以上，生长健壮，采集的种子才充实饱满，培育的苗木才会生长健壮、发育良好，对环境条件的适应性也强。

（2）果实与种子处理　采集的杜梨果实，可直接堆放在阴凉处软化腐烂，堆放不宜太厚，沤的时间不要过长，要经常翻动，以免发酵过程中产生高温，降低种子生命力。一般堆高20～30cm，沤7天左右果肉就可松软。然后将果实搅碎，使种子与果肉分离，用清水冲去（过滤掉）黏液和杂质。

将冲洗后的种子薄薄地摊在阴凉通风处阴干，不能放在太阳下晾晒，也不能烘干。阴干后种子装入沙用袋或布袋中，放在低温（0～10℃）、干燥和通风处保存。

（二）层积处理

（1）层积处理的作用　杜梨种子取出后，即使给它适宜的温度、水分和通气条件也不会萌发，这种现象叫休眠。这是北方落叶果树在发育过程生中形成的适应环境条件的一种特性。从生产上看，对种子贮藏是有利的。通过休眠的过程叫后熟过程。种子在后熟过程中需要一定低温（0～10℃）、湿度（40%～50%)，通气条件及一定的时间后才能萌发。

（2）层积处理的条件和方法　层积材料多用干净的河沙。先将杜梨种子与河沙按1∶5的比例混匀后装入木箱或直接埋地下，表面覆盖

2cm 厚的细沙，然后将木箱放入窖中即可。地下直接挖坑沙藏的，要选择背阴处，挖深 30cm，大小根据贮藏多少而定，上覆盖一层 2～3cm 细沙，然后再覆一层 5cm 厚的沙土即可。湿沙的含水量在 40%～50%，即用手握成团但不滴水滴、一触即散的程度。窖内温度以 2～4℃、湿度以 80% 为宜。这样经过 40～50 天的处理后即可播种。因各地区播种时间不同，应根据当地播种时间向前推 40～50 天即是层积处理时间。河北中南部播种时间在 3 月下旬，处理时间应在 2 月中旬。

（三）播种前整地

播种前圃地要进行秋翻，深度 25～30cm，同时施入有机肥，每亩*1500～2000kg，或施生物菌有机肥 300～400kg，复合肥 50～100kg，然后耙平。来不及秋翻的可春翻，翻后耙平、做床打畦。

1. 播种

（1）播种时期　华北中南部一般在 3 月中旬至 4 月上旬，谷雨节气前后是播种的最佳时期，根据当地气候条件确定具体时期，要尽量早播种，可增加苗木前期的生长量，有利于当年嫁接。保护地育苗，解冻后即可进行。

（2）播种方法　分为露地播种育苗和小拱棚播种育苗两种。

露地畦播。将整好的畦田浇透水，停 3～4 天能进地作业时，可开沟将沙藏的种子及层积材料一并播入沟内，然后覆土 1.5cm 厚左右。每亩用种量 2～3kg。

小拱棚播种。在提前整好的小拱棚苗床上浇透水，待水下渗能作业时，可将种子撒播于苗床，然后覆土 1cm 左右，亩用种量 20～25kg。播后及时扣棚。

2. 播后管理

（1）肥水管理　为保证地温，从播种后到幼苗出土前，一般不

---

*：1 亩 ≈ 667m^2。

进行灌水，如果土壤干旱，影响种子出土时，应适当浇小水，湿润种子即可。不要漫灌，以免降低地温，土壤板结，影响幼苗正常出土生长。出苗后，为使秋天达到嫁接粗度，应进行追肥、灌水，即在6月上旬砧木苗进入旺盛生长期进行，结合浇水每亩施尿素20～30kg。

（2）移栽　当幼苗长到4～5片真叶时，要及时移栽。大田露地播种苗每隔10～15cm留一壮苗，间下的苗随即放入装有泥浆的盆中，以备移栽用。如砧木苗不密也可不移栽，到7月下旬或翌年春天化冻后进行断根（用铁锹切断主根）促进多发侧根。利用小拱棚育苗的，幼苗3～4片真叶时开始移栽，移栽密度为株距10～15cm，小行距20cm，大行距30cm，这样便于嫁接时操作，也有利于幼苗生长。

（3）摘心和除萌　为促进杜梨苗加粗生长，在苗50～60cm时及时摘心。嫁接部位（基部10cm）以下的芽和副梢应及时除去，保证嫁接部位光滑，方便操作。

（4）中耕除草、防治病虫害　幼苗期要及时除去杂草，中耕松土。及时防治苗期立枯病、黑星病及地下害虫、食叶害虫。

第二节　嫁接苗的培育

由于梨的嫁接苗是由砧木（杜梨苗）和接穗（优良品种枝或芽）两部分组成，因而综合了二者的优点，如杜梨的抗寒、抗旱、耐盐碱性，优良品种结果早、丰产优质的特性，所以，梨树生产上一律采用嫁接苗。

一、接穗的选取和贮运

采集接穗首先确定发展品种，然后从所选品种的健康成年母树上采取。生长季芽接用的接穗要采集当年的新梢，采下后立即剪去叶片，芽接用的接穗最好随采随用，这样成活率高；枝接选作接穗的枝条，必须是生长充实、芽饱满的一年生发育枝。远途运输时要注意保湿，拴好标签，防止品种混杂。春季嫁接用的接穗，最好结合冬剪时采集，每50根或100根一捆，拴品种标签，埋于窖中的湿沙里，埋接穗全长的1/4～1/3即可。

二、嫁接的时间和方法

（一）嫁接时间和方式

1. 嫁接时间

在河北中南部7月中旬至8月下旬均可进行。枝接在3月上旬至4月上旬。

2. 嫁接方式

分为芽接和枝接两种

（1）芽接　芽接分为"T"字形芽接、带木质部芽接，二种嫁接方法。

"T"字形芽接。芽片长度1.5～2cm，宽0.6cm左右。削芽片时先在芽的上方0.5cm左右处横切一刀，深达木质部，然后在芽下方1～2cm处稍带木质部向斜上向推削到横切口，用手指捏住芽的两侧，左右轻摇，掰下芽片，不带木质部。切砧木时，离地面5～6cm处选择西南向、光滑处做出嫁接位，用刀切一"T"形切口，深达木质部，横切口略宽于芽片宽度，纵切口应略短于芽片长度。插芽时用刀舌轻撬纵横切口，将芽片顺"T"字形切口插入，芽片的上面对齐砧木的横切口，用塑料条绑严嫁接口，也可露出芽眼（图4-1）。

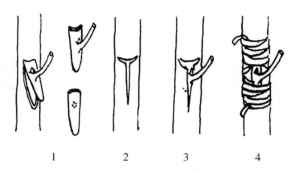

图 4-1 "T"字形芽接

带木质芽接。削芽片时先在芽上方 0.8～1cm 处向下斜切一刀，深达木质部，长约 1.5cm，然后在芽下方 0.5～0.8cm 处向下斜切 30°角到第一刀底部，取下带木质部芽片，芽片长 1.5～2cm。切砧木时按照芽片大小，相应在砧木上由上向下切一切口，在芽下方再切一刀，整个长度和宽度应与芽片相应。接芽时将芽片插入砧木切口中，芽片上端露出一线砧木皮层，以利愈合。然后用塑料条绑缚，只露芽眼（图 4-2）。

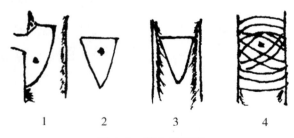

图 4-2 带木质芽接

1.接穗芽片切口；2.带木质芽片；3.砧木切口；4.绑扎

（2）枝接　凡用带有一个或几个芽的一段枝条做接穗进行嫁接的称为枝接。多用于芽接未成活的砧木，或当年砧木苗小不能芽接的。生产上常用的方法有劈接、切腹接。

劈接。砧木较粗时常用此法。削接穗时，在接穗基部两侧削成两个长度相等的楔形切面，长 3cm 左右。切面平滑整齐，一侧的皮层应较厚。切砧木时，将砧木上部截去，削平断面。在中央垂直劈下，深度 3cm 左右，然后将砧木切口撬开，将接穗插入，较厚的一侧应在外面，使二者形成层对齐，接穗削面微露出白，称"留白"，有利愈合。然后绑紧包严（图 4-3）。

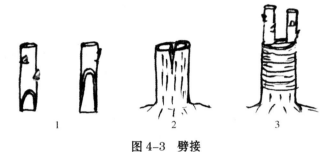

图 4-3 劈接

1. 接穗；2. 砧木；3. 绑缚

切腹接。此法用于大树改换品种、高接换头。近几年采用此法在杜梨苗嫁接，表现出成活率高、生长快的特点，已在生产上普遍应用。改接大树，将砧木剪短，在剪口下斜切 2～3cm 长的刀口，把接穗削成一长一短两个平面，长斜面长 2～3cm，短斜面短于长斜面，然后将接穗插入切口，长斜面在里，与砧木一面对齐形成层后，用塑料条包严（图 4-4）。

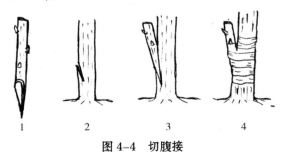

图 4-4 切腹接

1. 接穗；2. 砧木；3. 插接穗；4. 绑缚

（二）嫁接苗的管理

1. 芽接苗管理

（1）检查成活率、解除绑缚物和补接　梨苗嫁接 10～15 天后即可检查成活情况，一般接芽新鲜、叶柄一触即落的为已成活。在完全成活后应及时解除绑缚物，以免影响加粗和防止绑缚物陷入皮层，使芽片受损伤。未接活的应及时进行补接，所接品种要与原品种相同。

（2）剪砧与补接　在接芽萌动前，于接芽以上 0.5cm 处将砧木部分剪去，以集中养分供应接芽生长。越冬后少数未成活的，春季可用枝接的方法再进行一次补接。

（3）除萌　剪砧后从砧木上容易发生大量萌蘖，须及时多次地除去，以免与接芽争夺养分，影响苗木质量。

（4）加强土肥水管理，防治病虫害　前期加强肥水管理，及时中耕除草促进苗木生长。后期控制肥水，防止徒长。同时，注意病虫害的防治。

2. 枝接苗的管理

枝接苗也容易从砧木上发出萌蘖，应及早除去。如果嫁接枝芽较多，成活后应选方位好、上部的一个生长健壮的新梢，其余可除去。为保证发出的嫩梢不被风吹折或倒伏，可立支柱绑缚保护。

三、苗木出圃

（1）起苗　一般起苗时间在秋季落叶后至封冻前，或春季解冻后至发芽前进行。挖苗前要先灌水，便于起苗少伤根系。秋季起苗后，无法及时栽植或销售，应临时假植。

（2）分级　苗木分级对保证出圃苗木的质量具有重要作用，可参照苗木标准进行分级（表 4-1）。

表 4-1 梨苗木分级标准

项目	特级	一级	二级
主侧根数量	断根，有 4 条以上分布均匀的侧根	断根，有 3 条以上分布均匀的侧根	断根，有 3 条以上分布均匀的侧根
主侧根长度	每条侧根都长 20cm 以上，并有较多小侧根	每条侧根都长 15cm 以上，并有较多小侧根	每条侧根长 12~15cm，并有小侧根
苗木高度	嫁接口以上苗高 1.5m 以上	嫁接口以上苗高 1.2~1.4m	嫁接口以上苗高 0.8~1.1m
苗木粗度	嫁接口以上量 1.25~1.5cm	嫁接口以上量 1.0~1.2cm	嫁接口以上量 0.7~0.9cm

注：评级对象皆为无机械损伤、无病虫害的苗木。

（3）检疫和消毒　已列入检疫对象的病虫害要严格控制。未经检疫的苗木不准外运和内引。出圃苗木要进行消毒，常用的消毒杀菌剂有 3~5 波美度的石硫合剂，0.1% 浓度的汞液或其他杀菌剂。

（4）假植和包装运输　苗木消毒后，不能及时运出或栽植时，必须进行假植。假植沟深 50cm，宽 100cm，长度根据苗木数量而定。沟东西走向，苗木头朝南倾斜 45° 角放入沟内，根部要培湿沙土，培土达苗高的 2/3，培土时要注意一层苗一层土，使土壤与根系密接，不能成捆假植，以防根系沾不上土，风干而影响成活。封冻前用塑料布把露出部分盖好，防止冻害抽干。

外运苗必须包装，可用塑料布、编织袋、锯末等包装。每捆 50 株，包装后外面用绳捆紧，注明品种、数量、等级、产地、砧木等项目。

第五章 建 园

CHAPTER 5

梨树是多年生经济树种,建园后就需要在一个地方生长十几年至几十年。因此,在大面积建立果园时,必须考虑梨树的生物学特性,梨园的经营管理和生产现代化的要求来选择园址,进行规划设计,才能达到适地建园的目标。

第一节 园地选择和规划

一、园地选择

1. 地势

(1) 平原区 华北平原是较大的平原地区,地势平坦、坡度很小,一般缓坡在 5°以下,这些地区都是梨的适生区。但一些重盐碱地(含盐量在 0.3% 以上)、低洼易积水的地区,地下水位高、黏重、透气不良的地区不适宜种植梨树。农村周围的闲散地、次耕地、砂荒地、岗坡地四旁均可建立梨园。这些地类排水良好、透气性强,有利于梨树生长。但砂荒地有机质含量少，保水保肥力差，建园时应采取防风固沙、种植绿肥等措施，改良不利条件。

（2）丘陵区　是介于平原与山区之间的一种地形。华北地区有大面积的丘陵地可选择建立梨园。尽量选用斜坡地，因斜坡地光照充足，热量条件好，而且能防风，又利于排除过剩的水分。故栽植斜坡地的梨树一般生长发育良好，产量高、品质好、色泽鲜艳，提早成熟。丘陵区斜坡不同坡向受热量不同。南坡梨树物候期开始比北坡早，果实的色泽、品质也好于北坡。但南坡梨树开花早，易受霜害，土壤水分蒸发大于北坡。东西坡介于南坡与北坡之间。从生产实践看，东南坡向为最好，其次是南向坡与东向坡。

坡面一般以直坡为好，坡段以中部最好，因为在坡下部有冷空气下沉，上坡受山顶风和紫外线影响，坡中部气温高于坡下部和上部，因此，坡中部是栽植梨树的最好坡段。

2. 土壤

土壤性状的好坏，直接影响梨树的生长和结果。一般砂壤土排水性和通气性好，利于梨树根系伸展，对果树生长极为有利。黏重土排水不良、通气性差，根系生长不良，一般不宜建园。

梨树适宜在微酸性、近中性和微碱性土壤上生长。酸、碱性过大都不适宜梨树的生长。

二、园地规划

建园地点确定后，首先进行测量，划出地界。根据地形、地势、土壤条件规划梨园道路，防护林、排灌系统及附属建筑物。规划的目的是充分合理利用土地，为搞好规划，应将全部土地进行详细调查，测出地形，绘制出一定比例的地形图。同时调查园地的气候、土壤、水利、植被等情况，作为规划的依据。

为便于管理，梨园要划分若干小区。小区就是基本作业区。小区内,气候、土壤条件要基本一致,以便采用同一措施。小区面积的大小要与生产管理水平相适应。机械化程度高时,小区面积要大些,一般 5hm² 左右;如果规模小、地形和土质复杂、机械化程度较低时,小区面积可小些,1～2hm² 为宜。小区的形状以长方形为好,长宽比为 2:1～5:1,以利于机械化操作。小区的长边最好与主风向垂直,以便于设防护林。丘陵地带区长边与等高线平行,这样可以减少土壤耕作和排灌等工作的难度,减少土地流失,提高劳动生产率。

小区划分后再确定防护林带、道路、建筑物的配置。道路可分为干路和支路,干路宽 5～7m,支路宽 3～4m。道路与防护林带一般占地 5% 左右。

第二节 梨园防护林建设

一、防护林的作用

营造防护林是梨产业发展的重要措施。防护林的作用主要有:

第一,降低风速,减轻风害,减少土壤蒸发,增加梨园空气湿度,改善小区气候。第二,减轻霜害、冻害,提高坐果率。第三,保持地面积雪,防止土壤风蚀。第四,防护林带的更新,也是一笔较大的收入。

二、防护林类型

(1) 透风林带 由一层高大乔木构成,这种结构上部紧密,下部透风或半透风,或上下呈网眼式透风。这种结构透气性好适宜在风寒较小的平原区应用或用于副林带(图 5-1)。

（2）疏透林带　由高大乔木和灌木两层结构组成。上部是大乔木树冠，下部是灌木枝叶阻挡，中间一部分透风带。此结构适宜在丘陵区和风害较大的部分平原地带，多用于主林带（图5-2）。

（3）不透风结构　是一种从上到下都很紧密的林带，由高大乔木、小乔木和灌木3种不同高度树冠组成。害风80%以上是从林冠顶部通过。适用于平原风沙严重区或丘陵封风口地域（图5-3）。

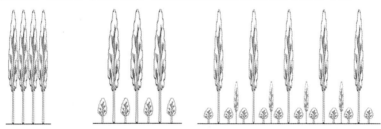

图5-1　透风林带　　图5-2　疏透林带　　　图5-3　不透风林带

三、防护林树种

乔木应选择高大、生长快、寿命长又适宜当地立地条件的树种。华北中南部多选用各类杨树，如欧美杨派的'107杨''2012杨''丹红杨'等，白杨派的'窄冠白杨'等，也可选用常用的城镇绿化树种，如槐、白蜡、金叶榆等。灌木要求枝多叶密，如榆叶梅、海棠类、紫穗槐等。

四、防护林的营造

在华北地区多为偏南风和偏北风的风向。因此东西走向的林带为主林带，主要起到阻挡害风的作用，应以不透风林带和疏透结构的林带为主。南北走向的林带为副林带，主要选用透风结构的林带。

山坡地上段（顶部）一般选择不透风林带，中下部选择疏透结构的林带，最下部可选择透风结构的林带。

林带的一端可稍偏于谷口,可使冷空气顺林带一端流向谷底。

林带的配置分主林带和副林带。主林带与风向垂直,一般植 4～6 行高大乔木树,之间栽植灌木或小乔木,组成致密结构或疏透结构。带距一般为 300～400m。副林带与风向平行,带距 400～500m。林带与梨树的距离应适当远些。

第三节　排灌系统

排灌系统包括蓄水、排水系统和灌溉系统。各地应根据具体条件,采取修水库、挖水池、打井、开渠引水、自流灌溉、蓄水灌溉等措施解决蓄水、排灌问题。

一、蓄水

在水源不足的地方,要充分利用沟道、洼地修筑小型水库,利用雪水、泉水、露水等长蓄短用,解决用水问题。

二、排水系统

梨园内部水靠排水系统排至园外或蓄水池中。排水系统由小区内的集水沟、区间的排水支沟等组成。山地梨园可在梯田内缘挖约宽 40m、深 30m 的水沟,每隔 5～10m 培土埂缓水,形成竹节沟,一端连灌水渠,另一端连排水渠,排灌结合。平原地区梨园,可利用园内道路两侧边沟排水,使各路边沟相连,然后把积水排出。

三、灌溉系统

地面灌溉系统主要有干渠、支渠和输水沟渠。渠道要防渗漏,还要有一定的比降（0.2%左右），以保持流速和流量。

第四节　梨树定植

一、品种选择

梨品种选择应根据自然条件、交通条件、市场需求等因素确定，生育期长的地方可发展晚熟和耐贮品种，生育期短的地方可发展早、中熟品种。根据近几年科研单位培育的新品种，在市场实践中发现，塔里木大学与青岛农业大学联合育成的'新梨7号'、中国农业科学院郑州果树研究所育成的'红香酥'、山西农业科学院果树研究所育成的'玉露香'、河北省农林科学院石家庄果树研究所育成的'黄冠梨'、从日本引入我国的'秋月梨'、河北魏县林果开发服务中心（原属魏县林业局）选育的'美香鸭梨''红梨优系'，浙江农业大学育成的'翠玉'等品种，品质好、产量高、市场销路广、经济效益高是目前推广的主要梨树良种。当然，还有很多地方品种也深受人们欢迎，各地应根据具体实际选择栽培良种。

二、授粉树的选择与配置

大部分梨树品种自花结实率低或自花不结实，单栽一个品种结果少、单产低，因此，必须配置授粉树。

（1）选择条件　授粉树要与主栽品种花期一致，能产生大量优质花粉；与主栽品种同年开花结果，寿命相当；适应当地生长条件，与主栽品种亲和力好，丰产、优质、经济价值高；与主栽品种能相互授粉，而且果实成熟期相近。

（2）配置形式　有两种配置形式，一是等量式配置，二是差量式配置。主栽品种和授粉品种经济价值相等时，可采用等量式配置，即各占一半。否则采用差量式配置。如遇无花粉的主栽品种，授粉树必须选择两种，以完成与主栽品种授粉和授粉树之间相互授粉（图5-4）。

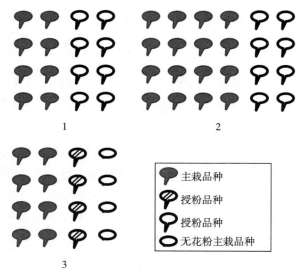

图 5-4　授粉树的配置

1. 2∶2 等量式；2. 4∶2 差量式；3. 2∶1∶1 差量式

三、栽植方式和密度

（一）团状栽植

栽植方式：为团状栽植，分三角形三株团，梅花型五株团栽植。

栽植密度：单位面积栽植株数的多少，由不同的栽植规格确定。

1. 三角形三株团栽植

（1）（1m×1m）×3m×4m　括号内"1m×1m"是指团内株距、每团3株，北侧2株，南侧1株，株间距为1m；"×3m"是指团间距 3m，以团内中心点计算；"×4m"是指团行距，按团中心点计算。每亩定植梨树 55.6 团、167 株。

（2）（1.2m×1.2m）×3m×4m　括号内"1.2m×1.2m"1 团 3 株的距离均为 1.2m；"×3m"指团间距 3m；"×4m"指团行距 4m。每亩植梨树 55.6 团、167 株。

2. 梅花形五株团栽植

（1）（1m×1m）×5m×4m　每团定植 5 株；括号内"1m×1m"是指团内株距均为 1m；"×5m"是指团与团之间的距离（按团中心点计算），称为团间距；"×4m"是指团行距为 4m（按团中心点计算），每亩定植 55.6 团、167 株。

（2）（1.2m×1.2m）×5m×5m　每团定植 5 株；括号内"1.2m×1.2m"是指团内株距均为 1.2m 呈梅花形排列（每团南侧、北侧各植 2 株，中间 1 株）；"×5m"是指团间距（按团中心计算）；"×5m"是指团行距（按团中心点计算）每亩植梨树 26.7 团、133.4 株。

（二）行状栽植

（1）0.7m×3m　株距 0.7m 行距 3m，每亩植 318 株。

（2）1m×4m　株距 1m 行距 4m，每亩植 167 株。

（3）1.3m×4m　株距 1.3m 行距 4m，每亩植 128 株。

（三）栽植时期和方法

（1）栽植时期　在华北中南部一般春季在 3 月上旬至 3 月中旬，秋冬季在 10 月下旬至 11 月中旬。各地应根据不同的气候条件确定栽植时期。总之在梨苗落叶后期至发芽前均可栽植。秋冬季应注意采取防寒措施。

（2）栽植方法　栽前严格进行苗木分级，按 0.8～1.4m，1.5～2m 至少两个等级，栽时分级栽植。栽植前应按规划测量出定植点，用白灰或小木棍做标记，以定植点为中心挖定植穴（穴深 60cm，长宽各 60cm）或直径 60cm 圆坑。栽植苗木剪掉枯、伤根，修剪过长根，放入水中浸泡苗木根系12～24小时,使根系充分吸水。挖出的穴土中参施生物菌有机肥,按1∶9或2∶8的比例配置,搅拌均匀后填入穴中,踩实。然后将苗木放入穴中央,栽深30cm左右,边填土边踏实。然后浇水,覆地膜。

大面积栽植梨树时,一般在前一年秋天封冻前挖好坑,风化一冬天更好。

五、栽后管理

(1)定干和剪顶　苗木定植后需要根据苗木高低来定干和剪顶。定植0.8～1.2m高的苗木,以60～70cm处定干短截。用特级苗建园(苗高1.5m以上)定植后不定干,只剪顶芽,苗高超过1.8m时,从1.8m处剪除。

(2)检查成活及补栽　苗木成活后,调查死亡株数的数量,待秋季或翌年春用大苗补栽上,使苗木成活率、保存率达到98%以上,确保早期的结果产量。

(3)加强管理　地膜覆盖的生长前期不用浇水,未覆膜地干旱时及时浇水;及时中耕除草,防治病虫害。

(4)幼树防寒　华北中北部冬季气温较低,严寒天气多,新植幼苗抗寒力弱,易受冻害抽条。应采取入冬前灌封冻水、根茎培土堆、苗木套塑膜袋等措施,避免冻害造成损失。

第六章
梨树密植栽培模式及施工设计

CHAPTER 6

第一节 行状密植栽培模式

梨树密植栽培是从稀植中冠树型栽培模式中演变而来，稀植中冠树型栽培模式均属于行状栽培，是传统的均匀栽培方法，主要特点是株距、行距都是均匀的，如中冠栽培4 m×6 m，即株距均为4 m，行距均为6m，每亩植树28棵。为实现早结果、早丰产、早收益，逐渐演变为缩小株距、行距，增加亩植株数的行状密植栽植模式。

而团状密植栽培又是在行状密植栽培的实践中，总结经验、克服存在问题的基础上形成的一种创新栽培模式。由传统的均匀栽植改变为非均匀栽植，在亩植同样株数的情况下改变为每团3～5株，团与团之间拉大距离，提高光能利用率，有利于枝展和根系的分布。

梨树行状密植栽培模式中又可按栽培树型划分为三种栽培模型，即主干型密植栽培模型、弯曲主干型密植栽培模型和"Y"字形密植栽培模型，在团状栽培模式中又分为3团株和5团株栽培模型。

一、主干型密植栽培模型

1. 株行距 0.7 m × 3 m 栽培模型

此模型定植株距为 0.7 m，行距 3 m，每亩植 318 株，是栽植密度较大的模型，适宜在山地丘陵区小块地，和个体户分散建立的小型梨园，也是适宜保护地栽培的一种模型。模型内梨树主干高 0.5 m 左右，树高控制在 2 m 以内，结果主枝 10～15 个。

本模型可极早进入盛果期，栽后 2 年结果，3 年亩产 1500 kg，4 年进入盛果期。盛果期可持续 15 年左右。但由于栽植密度大，梨树寿命缩短，一般更新期在 20 年左右。根据管理水平的高低，更新年限可能延后或提前，栽培模型见图 6-1。

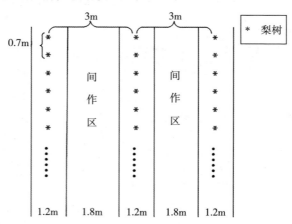

图 6-1　0.7×3m 栽培模型

2. 株行距 1 m × 4 m 栽培模型

此模型定植株距为 1 m，行距为 4 m，每亩定植 167 株，是目前密植梨生产中使用最普遍的一种栽培模型。适宜在平缓、面积较大的丘陵地带和平原区较大规格发展。要求主干高 0.6～0.7 m，树高控制在 2.8 m 左右，单株留固定结果主枝 15～20 个。栽后翌年见果，第 3 年每亩结果 1000 kg 左右，第 5 年进入盛果期，盛果期 20 年左右，更新期在 20～25 年，栽培模型见图 6-2。

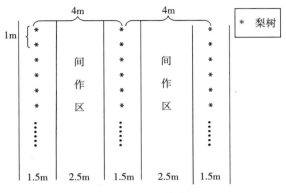

图 6-2　1m×4m 栽培模型

3. 株行距 1.3 m×4 m 栽培模型

此模型定植株距为 1.3 m、行距为 4 m，是主干型密植栽培密度较稀的一种。每亩定植 128 株，栽后翌年见果，第 3 年每亩结果 1000 kg 左右，第 5 年进入盛果期，盛果期年限可维持 20 年以上，更新年限约在 25～30 年。主干高 0.7～0.8 m，树高控制在 2.8～3 m，单株留结果主枝 20～25 个，栽植模型见图 6-3。

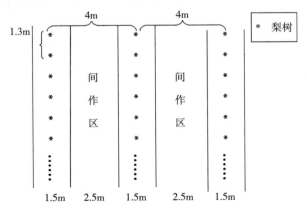

图 6-3　1.3m×4m 栽培模型

二、弯曲主干型密植栽培模型

弯曲主干型密植栽培模型,是依主干型改良而来,在近几年的生产实践中发现,主干型梨树进入盛果期后,出现上强下弱的树体结构。梨树的顶端优势是各类果树生长发育的自然规律。怎样才能利用好这一规律,即不影响梨树的正常生长发育,又能顺其自然合理分配养分垂直流,只有在主干上找原因、找答案。经试验,把主干垂直向上生长改为主干弯曲向斜上方生长,顶端优势的现象得以解决,达到了开源节流的目的,主干下部枝条偏弱的现象得以缓解。

弯曲主干型的栽培模型,在第一节的三种模型中,除第一种 0.7 m ×3 m 栽培模型不适宜外,其他两种都适宜弯曲主干型的栽植。栽培模型图示同图 6-2 和图 6-3。在一行树内,一株向左弯曲,另一株向右弯曲,均向外弯曲 30°～35°,纵观一行树整体形成"Y"形(图 6-4,图 6-5)

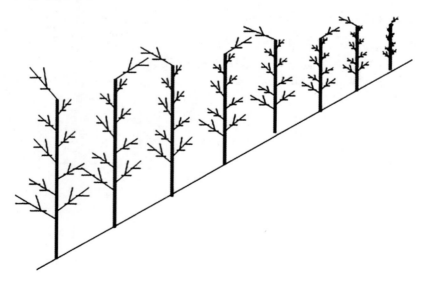

图 6-4　弯曲主干型树体分布

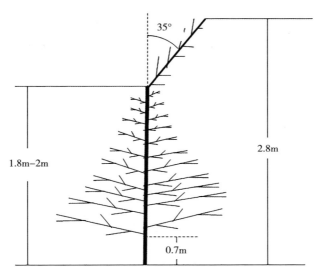

图6-5 弯曲主干型单株示意图

三、"Y"字形密植栽培模型

"Y"字形也叫"双主枝"型。这一树型可有效控制树体顶端优势，解决主干型树易出现上强下弱的现象，树体覆盖面积大，受光面积大，中、后期产量高，而且果实品质好。盛果期延续年限多于主干型。缺点是结果初期产量低于主干型树。在选留两大主枝时，注意两枝大小一致，角度符合要求，便可形成理想树型。两主枝上着生的结果枝修剪时注意多留两侧结果枝，少留背上、背下枝。目前这一树型在生产中应用较少，可先小面积示范，再大面积推广。

1. 株行距1.5 m×4 m栽培模型

此模型株距1.5 m，行距4 m，每亩定植梨树111株。梨树主干高0.7 m，左右两侧各留一大型主枝，与中心干夹角为40°，全树高控制在2.5 m左右，每一主枝上留固定结果枝组10～12个，按大、中、小结果枝从基部向上依次排列。此模型栽后第3年少量结果，第

4年每亩结果1500 kg左右,第5年进入盛果期,盛果期年限可达30年以上,更新期在40年左右(图6-6,图6-7)。

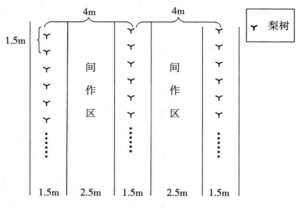

图6-6 1.5m×4m栽培模型

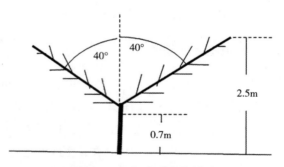

图6-7 "Y"字形单株树型

2. 株行距1.5 m×5 m栽培模型

此模型株距1.5 m,行距5 m,每亩定植梨树89株。主干高0.8 m左右,分别向左右两侧各留一大型主枝,与中心干夹角为45°。树高控制在2.5 m左右。每一主枝上留固定结果枝10～12个,按大、中、小结果枝从基部向上依次排列。栽后第3年少量结果,第4年每亩结果1500 kg左右,第5年进入盛果期,盛果期年限可达30年以上,更新期在40年左右(图6-8,图6-9)。

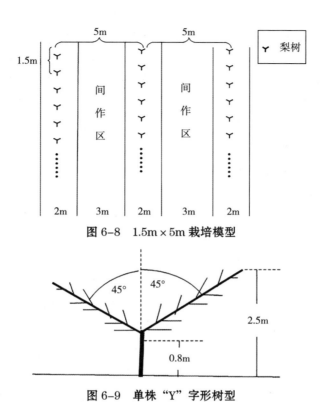

图 6-8 1.5m×5m 栽培模型

图 6-9 单株"Y"字形树型

第二节 团状密植栽培模型及施工设计

一、梨树团状栽培的意义

(一)梨树栽培模式及密度的历史性变革

梨树的栽培模式大致经历了 4 个不同的发展阶段,新中国成立之前,受土地分布不均社会经济条件和技术管理水平的限制,梨树发展多为自发性，所建果园均为稀植大冠树型，如 8m×10m、8m×8m、6m×8m 等模式，每亩栽梨树分别为 8 株、10 株和 14 株。栽后 5 年结果，15 年后进入盛果期。新中国成立后，中国经济快速发展，社会经济条件发生明显改变，果树管理由原来的自然生长、粗放管理，逐步走上科学管理的轨道。栽培模式由大冠型转变为中冠型（1950—1980 年），栽植规格与密度为 6m×6m、5m×6m、4m×6m、4m×5m 等；每亩栽梨树分别为 18 株、22 株、28 株、33 株，果树管理、果品产量和质量明显高于第一阶段。1980 年以后，国家推行联产承包责任制，生产力得到充分解放，农民栽植果树的积极性空前高涨，在科技进步力量的强力推动下，梨树栽培进入了第三个生产发展阶段，即密植栽培阶段。栽培模式和密度为 3m×5m、2.5m×4m、2m×4m 等，栽植株数分别为 45 株、67 株和 83 株，树型由原来的双层五主半圆形改为自由纺锤形。进入 21 世纪以来，随着果树科技水平的不断进步，人民生活水平的提高，人们对高档水果的需求日益增长，随之带来果农管理果树的成本加大，在此背景条件下，开始推广梨树的高度密植栽培，即梨树栽培模式的第四个发展阶段。栽植规格分别为 0.7m×3m、1m×3m、1m×4m、1.2m×4m 等，每亩栽植株数为 318 株、222 株、167 株和 139 株。从四个发展阶段单位面积的株数均按最稀的一种模式计算，高密栽培是密植栽培的 3.1 倍，是稀植中冠树栽培的 7.5 倍，是稀植大冠树的 16.7 倍。树型由自由纺锤形改变为主干型，栽后翌年见果，第 3 年亩产 1000kg 左右，第 5 年进入盛果期，每亩可达到 5000kg。这一栽培模式，结果早，产量高、质量好，大大缩短了梨结果期，利于机械化作业，修剪省力省工，明显提高了果农的经济收入。

（二）团状密植栽培模式的诞生

在高度密植梨园的管理过程中虽然取得了明显的成效，但又发现了一些不足之处。如 10 年生以上的密植园，主干下部的结果主枝生长势明显衰退，部分中小枝干枯死亡的现象。果实个头变小、质量变差，行内株与株间因距离太近造成结果枝短小，加之内膛光照不足，出现生长弱、果个小和结果枝干枯死亡的现象，由于下部、中部缺少粗壮的结果主枝，更加剧了水分养分的垂直流，形成了上部生长过强，整个树体失去了平衡生长状态，一旦出现类似这些问题，再去进行改造就很困难，会对高密果园的中后期管理带来很大麻烦。

如何推广这一高密栽培的方法，并达到密植园周期栽培过程中，树体结构合理，始终保持产量高、质量好、果农收入不减、稳定发展的目标，作者团队在吸收高密度栽培果园科学管理各项技术指标的基础上，从调整树体结构、改善光照条件、改善根系分布条件入手，开始了团状高密度栽培的试验和示范。具体研究方向目标：一是改变栽培模式，由千百年来传统的行状栽培模式，改变为三株团、五株团等团状栽培模式，扩大树体营养占地面积，解决行内结果枝延伸生长，加大对光能的吸收利用率。二是建立固定施肥穴，增加吸收根的分布面积和分布厚度，增加吸收根的发根量，满足密植单株对吸收水分和养分的需求。

梨园团状密植栽培模式经过 8 年的试验研究，已取得初步成果，仍在继续试验过程中。已取得的科研成果表明这一栽培模式可以在生产上提早推广应用，以达到边试验、边示范、边推广的目的，使广大果农早提高认识，早着手栽植、早得到收益。其实这一栽培模式在园林绿化上应用最普遍，城镇周围到处可见团状栽植的绿化树种，在杨树团状栽培上也有大面积的推广应用，《杨树团状片林栽培研究》课题，于 2011 年经过河北省科技厅组织的专家鉴定，鉴定成果达到了国际先进水平，并于 2013 年获邯郸市科技进步三等奖。"杨树团状农田林网及复合经研究"，于 2015 年通过河北省科技厅组织的专家鉴定，研究成果达到国内领先水平，于 2016 年获邯郸市科技进步二等奖。

辽宁干旱地区造林研究所张连翔教授级高工编著的《干旱地区抗

旱保水造林关键技术》一书中，第9章重点介绍并推广"适度聚集式栽培技术"，于1989—2009年大胆提出并实践了适度聚集式栽培新模式，改变了传统的规则株行距设计理念，在不减少单位面积株数的前提下，采取每穴2～4株成丛植入的办法，在沙棘经济林和刺槐造林示范推广应用，取得了明显的增产、增收的好效果。这一栽培方法与作者的团状栽培不谋而合，进一步证实团状栽培的可行性、前瞻性，将会在生产中逐步得到大面积的推广应用。

因此，在果树团状栽培上也完全可以实现同样的效果。但要实现这一栽培方法，首先要解决果树科技工作者和广大果农的思想认识问题，改革传统的行状栽培模式，大胆改革创新，参与到大众创业、万众创新的改革浪潮中，去践行这一创新模式的变革和可观的经济效益。

（三）梨树团状高密栽培的优越性

1. 有利于结果枝的均匀分布与伸展

行状栽培的密植梨园结果枝向行间伸展有较大的空间，而行内没有伸展的空间。如1m×4m的栽植模式，行内的枝条伸展0.5m，超过0.5m就会形成交叉枝和重叠枝，直接影响光照的吸收利用率，逐年会形成细弱枝，造成挂果量减少，果实品质下降。中后期明显出现上强下弱的趋势，甚至导致下部结果枝死亡，结果部位上移。

团状栽培的梨树，加大了种植带的宽度，团与团之间留有较大的距离给结果枝的生长提供了均匀分布的空间，同时延长了行内枝条长度。比如三角形三株团的栽植模式；单株树上着生的枝条可以相互插空生长，周围任意一个枝条都可以延长到1m以上的长度，比行状栽植的行内枝条延长了1倍多，这就为幼树早期结果、早期丰产打下了坚实的基础。

2. 有利于光照的吸收利用

（1）扩大了受光面积　一是扩大了树体上方的受光面积。因为团行距宽度增加，如团内株距是 1.2m，加上向两侧各伸展 1m，整个树体的宽度为 3.2m。按同样的方法计算，行状树体受光宽度只有 2m，树体受光面积提高了 37.5%。太阳接近直射光的时间大约是（11:00～13:00）3 个小时。二是扩大了树体两侧的受光面积。如果一行树看成是树墙，行状树两侧呈直线型树墙体，而团状树两侧呈现出曲线型树墙体，表面积显然要大于直线型墙体。树体表面积的增加，就扩大了树体对光照的吸收利用。

（2）改善了受光范围，提高了有效光的利用率 太阳从东方升起，直到西山落下，可看成一个半圆弧形的光照线过程。在生长季节太阳升至上午 8 点，太阳光入射角为 30° 左右，9:00～11:00 时入射角为 35°～60° 左右，11:00～13:00 是 70°～85°。当太阳升至 9:00～11:00 时，光照强度适宜，树体东侧受光面积最大，到下午 15:00～17:00 时，树体西侧受光面积最大，光照强度适宜；中午 11:00～14:00 光照接近直射，受光面积主要是树体上部和外围团内结果枝及团与团之间的外围结果枝都可吸收到阳光。而行状树株间距离近，无空挡，内部枝受光面积要明显减少。

3. 有利于水肥管理和根系分布

团状栽培的梨树，可设固定施肥浇水穴。如三角形三株团，团内株距 1.2m，在三株之间可挖一长宽各 50cm，深 50cm 的施肥穴为固定营养穴，秋季施基肥直接把有机肥和复合肥混合后填入穴内，结合地面的杂草，落叶及其他秸秆一并填入穴内，填满穴，上压一层表土，浇水时，水肥通过穴体直接渗透到根部，由水肥的垂直向下渗透改变为向下快速渗透，然后向周围横行快速渗透，把水分和养分快速输送到大量吸收根部位。解决了灌水过大浪费水资源、灌水小渗不透根部的问题。为了使树周围都能使根系吸收营养，还需要在两株之间向外移 0.5m 挖营养穴。如三株团需挖 4 个营养穴，五株团需挖 7 个营养穴。如采用小管促流节水灌溉设备，效果更好，只需在营养穴中通上小管,即可完成全园灌溉,不用再大水漫灌,可节约用水 50% 以上。

4. 可减少梨树的立杆绑缚工序

行状栽植的梨树,进入挂果期后,因树小承载不了挂果的负载,易造成树体歪斜,甚至损伤树体,需要每一株树立一竹竿,或拉上铁丝来固定树体,一亩梨树就需要投资 800 元左右。团状栽培就节省了这一道程序,挂果后只需用尼龙草在 1.3m 处水平拴一道,把三株树或五株树连接在一起,起到同样固定树体的作用,可节约大量资金。

总之,团状栽培省力、省工、省钱、产量高、品质好,对控制中后期树势上强下弱,果实大小不均匀起到较好的效果。这是一种新的栽培模式,是果树栽培史上的一次变革,希望能为果农带来更好的经济效益。

二、团状高密植栽培模式

(一)三角形三株团栽培模型

1. (0.7m×0.7m)×2m×3m 栽培模型

(0.7m×0.7m)指团内株距,定植时北侧定植 2 株,间距 0.7m,南侧栽 1 株,距两株之间均为 0.7m,叫团内株距;团与团之间距离为 2m(按每一团树的中心点计算),叫团间距;行与行之间的距离为 3m,叫团行距。此模型适宜山地丘陵地区和平原区个体户分散经营的小型果园。树高控制在 2m 以内,主干高 0.5m 左右,固定结果主枝保留 10~12 个。亩植梨树 109 团、333 株,栽植图式见图 6-10。

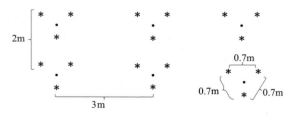

图 6-10 (0.7m×0.7m)×2m×3m 栽培模型

2. 株行距（1m×1m）×3m×4m 栽培模型

团内株距 1m，团间距 3m，团行距 4m，定植时北侧 2 株，南侧 1 株，主干高 0.6～0.7m，树高控制在 2.5～2.8m，固定结果主枝保留 18～20 个。这一模式适宜在缓坡地、较大面积的山地丘陵地区和平原地区建立较大果园。667m² 植梨树 55.6 团、167 株，见图 6-11。

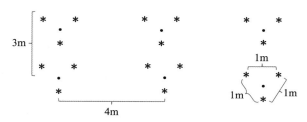

图 6-11 （1m×1m）×3m×4m 栽培模型

3. 株行距（1.3m×1.3m）×4m×5m 栽培模型

团内株距 1.3m，团间距 4m，团行距 5m，定植时北侧 2 株，南侧 1 株，主干高 0.7～0.8m，树高控制在 2.8m 左右，单株留固定枝数 18～20 个。此模式适宜在缓坡面积较大的山地丘陵地区、平原地区次耕地、沙荒地等大面积建园。亩植梨树 33.3 团、100 株，见图 6-12。

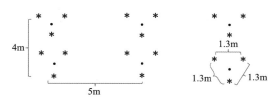

图 6-12 （1.3m×1.3m）×4m×5m 栽培模式

（二）梅花形五株团栽培模型

1. 株行距（1m×1m）×4m×4m 栽培模型

每团定植 5 株，南北两侧各定植 2 株，中间 1 株，形成梅花形状,团内株距之间均为1m,团与团之间距为4m(按团中心点计算),团行距5m,主干高0.7~0.8m,中间一株主干高1.2m左右(一般配授粉树用),单株留固定主结果枝量为18~20个。亩植梨树41.7团、208株(图6-13)。

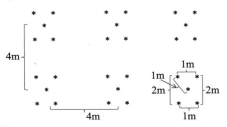

图6-13 (1m×1m)×4m×4m栽培模型

2. 株行距(1.2m×1.2m)×4m×5m栽培模型

团内株距1.2m,团间距4m,团行距5m,团内南北两侧各植2株,中间植1株,5株树间距均为1.2m,主干高0.7~0.8m,中间一株主干高1.2m,树高控制在2.8m左右,单株留固定主枝数18~20个,亩植梨树33.4团、167株(图6-14)。

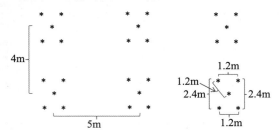

图6-14 (1.2m×1.2m)×4m×5m栽培模型

3. 株行距(1.3m×1.3m)×5m×5m栽培模型

每团定植5株,团内株距1.3m,团间距5m,团行距5m。定植时团内南北两侧各植2株,中间植1株,形成梅花状。主干高0.7~0.8m,中间一株主干高1.2m,树高控制在2.8m左右,单株留固定枝数18~20个。亩植梨树26.7团、133株(图6-15)。

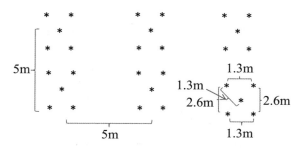

图 6-15 （1.3m×1.3m）×5m×5m 栽培模式

三、水肥一体化设计

水肥管理是梨树获得高产优质的一项基础工作，只有科学地进行施肥浇水，才能达到既节约水肥投资，又可节省大量人力资源，还可以收到事半功倍的好效果。以前果园施肥采用全园撒施、挖沟条施或果树周围挖放射性沟、长方形坑埋施等多种施肥方法。这些方法用工量大，而且每年需要重复进行。随着大批劳动力流向城市，在家留守的多为老年人和家庭妇女，造成了农村劳动力缺乏，按上述的施肥方法很难实现。再加上劳动力成本几倍的增长，管理果树的成本也随之提高。

为解决上述问题，可结合密植栽培的模式，制定出水肥一体化的设计模型。把果园内的杂草、间作物茎秆及梨树叶子填入穴内作有机肥利用，作为固定施肥穴。

（一）固定施肥穴的位置与标准

1. 三角形三株团固定施肥穴位置与标准

三株树团的梨树呈三角形配置，在3株树的中间设1固定施肥穴，1穴可供应3株树的根系吸收营养之需要。然后把3株树用直线连接，在每一直线的中心点位置向外量0.5m，即为3个外围施肥穴的固定位置。

施肥穴的标准，按团内株距的大小具体确定，一般为直径0.4～0.6m，深0.4～0.5m的圆形施肥穴。每团树设4个固定施肥穴（图6-16）。

图6-16　三角形三株团施肥穴位置

2.五株团梅花形固定施肥穴位置与标准

五株树团的梨树呈梅花形分布，如果把五株全部用直线连接在一起，就形成了两个等边三角形和两个等腰三角形。在两个等边三角形的中央各设一施肥穴，在两个等腰三角形的外直边中心点量0.25m为东西施肥穴的中心位置；两等边三角形的南北两直边中心点向外量0.5m，为两施肥穴的中心位置。五株团梨树需挖固定施肥穴6个，其中两等边三角形的中心和外侧各挖一个施肥穴，直径0.4～0.6m，深0.4～0.5m，两等腰三角形的外侧各挖一个椭圆形施肥穴，横径0.4～0.5m，纵径0.6～0.7m，深0.5m（图6-17）。

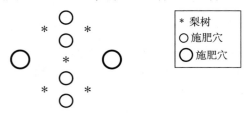

图6-17　五株团梅花形固定施肥穴的位置

（二）定向浇水量

传统的果园浇水方法是全园浇水、大水漫灌，这样浇水土壤的渗透深度一般在30cm左右，梨树40cm以下的根系吸收的水量很少。又由于全园过水，地表水分蒸发量很大，大约有30%的水分因阳光照射蒸发到空中，形成了无效水，造成了大量水资源的浪费。

定向浇水是指只在团状树带下浇水，一般密植梨的营养带畦宽1.5m左右。如团行距是4m，两团行营养带之间还有2.5m的空白地，给梨树浇水时，中间的2.5m宽的土地不再浇水，完全可以满足梨树水分和养分的吸收利用。所挖的施肥穴就是水分渗透穴，形成水肥一体化供应模式。通过施肥穴很快渗透到50cm深的穴底，然后再向四周横向扩散渗透，使梨树中下部的吸收根及时吸收到水分和养分。这就解决了全园漫灌渗透浅、蒸发量大、浪费水资源的弊病。这一浇灌方法至少节约水资源50%以上（图6-18）。

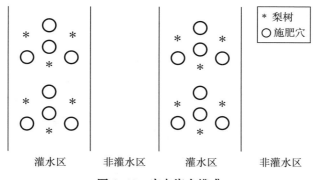

图6-18　定向浇水模式

（三）节水灌溉

节水灌溉是实现农业现代化的重要措施之一。现已设计的节水模式，再加上节水灌溉的措施，节水效果更显著，又省工、省力、省钱。目前在农业上实施的节水灌溉方法有多种，如喷灌、微喷灌、滴灌、小管促流等方法。前三种灌溉方法，改变了地表过水漫灌的形式，克服了土壤板结、透气差的弊病。但节水效果并不明显，滴灌虽然达到了节水效果，但渗透时间过长，滴管经常堵塞、使用不方便。

小管促流是果园灌水的较理想方法，不但达到了节水灌溉的目的，又能使灌溉水大部分变为有效水，及时供应到梨树根部，有利于梨树对水分的吸收利用。而且不易堵塞灌水管道，在果树上比较实用。

小管促流的设备分过滤泵、主管道、支管道和通向固定施肥穴的小管组成。具体方法,由设备经营单位负责安装调试。梨团行内铺设的支管道和促流小管见图6-19,图6-20。

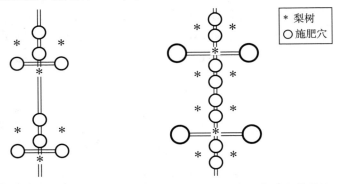

图6-19 三株团小管流灌管道铺设示意图　　图6-20 五株团小管流灌管道铺设示意图

四、梨团状高密栽培施工作业

(一)整地作畦

1. 整地、施肥

梨树定植前要全面整地,整地前施足底肥。分两次施,第一次全面撒施,每亩施生物菌有机肥100kg、复合肥25kg。第二次在梨树种植沟内施肥,每亩施入生物菌有机肥100kg、复合肥25kg。或施用鸡粪、羊粪、牛粪等有机肥,每亩施入1500~2000kg,复合肥50kg,先全面撒施1/2,留1/2施入种植沟内,然后用拖拉机翻耕25~30cm深,地块耙平待作畦。

2. 作畦

根据梨园栽植密度及规格确定种植带畦的宽度,如团行距是4m的,梨树种植畦宽为1.5m,剩余的间作地畦宽度应是2.5m。畦梗高

30cm，宽35cm。做到畦面平整，不平的畦要用人工或机械再平整一次。防止定植后浇水不均匀，造成树苗死亡。

（二）挖定植穴

1. 定点放线

团状树栽植时不同于行状树，放线时应计算好团内株距，先从团状树穴一侧放线，按不同的团内株距和团间距位置确定好栽植穴。可在线上用红漆抹上标记，用铁锹在标记处下挖一小坑，或用白石灰粉撒于标记下方土地上，定出栽植穴的中心位置。一侧定点放线完成后，量出团内株距的位置继续另一侧放线，按同样的方法标好植树穴的位置。左右两侧定植穴确定后，中间的定植穴可直接用钢卷尺或用量好木杆直接定穴。

2. 挖定植穴

定植穴位置确定后，可人工挖定植穴，面积较大的用机械挖穴。定植穴的深度一般为0.4～0.5m，穴为圆形，便于机械化作业，定植穴直径为0.4～0.6m。人工挖穴时，上口和下口的大小要一致，避免挖成上大下小，栽植时根系伸展不开。机械挖穴时，注意挖出的土又回流至穴内的，要人工清理再一遍，把土挖出穴外，达到要求的深度。

面积较大的梨园，挖穴时间应在上一年的秋冬季进行，这样挖出的土，经过一冬天的风化，对土壤改良有很大好处。穴内又可以增存大量的积雪，增加穴底层的土壤湿润，减少灌水量。

（三）栽植

1. 品种搭配

栽植前，要把所栽各品种的苗木备好，按照规划设计的配置要求确定主栽品种和授粉品种的栽植行。然后安排专人负责往穴内放苗，苗木发放一批后再安排栽植。

2. 栽植穴施肥

为了达到早结果、早丰产的目的，果树施基肥是一项关键措施。要求在全面施肥的基础上，再进行一次植穴内施肥，更有利苗木成活后对养分的吸收。每一植穴可施生物有机肥1~2kg，复合肥0.1~0.2kg，与土掺匀后填入穴下部（距地面30cm以下），防止肥离根太近而烧根。

3. 栽植

栽植前把上层阳土与肥混合后填入坑下部，然后踏实，把苗木放入穴中央，再填土植苗，栽植深度以苗木原土印为准，较大的苗木可深埋原土印上3~5cm。埋好土后把苗木向上轻轻拔起，使苗木根系伸展、扶正苗木，踏实即可。

4. 栽后管理

梨苗栽后要及时浇水，间隔5~7天浇第二水，待苗木发芽，展叶时再浇第三水，保证苗木成活率达到95%以上。5~6月份是干旱期，如无降雨应及时浇水，促进幼树的生长，防止回芽死亡。

给梨苗浇完第一水后，及时扶正苗木，然后给苗木定干，一般干高留60~70cm，剪去梢部。用1.5m以上的特级苗建园，可不定干，直接刻芽，苗木成活抽枝后当年便形成花芽，翌年即可结果。一般秋季栽植适用。

在生长期注意中耕除草，年内需要3~4次中耕，以人工除草或机械除草均可。在果园内禁止使用除草剂，易对果园土壤造成污染。同时还要及时进行病虫害的防治，发现病虫及早喷药，以免影响苗木的正常生长。

第七章
土、肥、水管理

CHAPTER 7

第一节 土壤管理

土壤是梨树生长结果的基础，是水分养分供应的源泉。土壤深厚、土质疏松、通气良好，则土壤中微生物活跃，能提高土壤肥力，有利于根系生长，对提高产量和品质极为重要。

一、结合施基肥条状开沟改土

中冠树型栽培改土多采用扩穴深翻、全园深翻等方式增加土壤的通透性。这一方法的缺点：一是用工量太大，随着城市化发展农民进城务工，农村主要劳力减少，很难完成这一任务。二是全园深翻破坏了表土层，刮风沙起，易造成环境污染，同时破坏了植被，造成微生物大量减少。三是加大了土壤水分的蒸发量，夏季地表温度大幅度增加，高时可达50℃以上。叶片受高温而出现枯叶，果出现阳面日灼现象，形成残次果，失去商品价值。这一旧的管理模式应当改进。

密植栽培的改土，应结合施基肥进行。梨树定植第 1 年，距梨树 40cm 向外开条状沟，沟宽 40～50cm，深 40cm 左右，然后再沟内填埋杂草、枝叶，加复合肥一并施入，填埋、灌水。

开沟时间一般在梨树第二次根系生长高峰期进行（9～10 月）。这时生长较快，断根伤口愈合快，短时间内又可发出大量新根。如果秋季未来得及开沟也可春季开沟，但宜早不宜迟。

二、幼龄树行间利用

幼龄期果园树小根短，有较大的行间可以利用。密植梨有 1.5m 宽的种植营养带，两行之间仍有 2.5m 宽间作区。可选择种植花生、大豆、绿豆、油菜等油料作物，适宜种植的蔬菜作物有茄子、辣椒、番茄、大葱、大蒜、生姜、马铃薯、红薯、白菜、萝卜等。适宜种植的瓜果类有草莓、西瓜、甜瓜、冬瓜等，适宜的中药材类有桔梗、半夏、红花、丹参、芍药等。

三、果园生草

梨树进入结果期，随着树体的增高和树冠的不断扩大，树下行间已不适宜种植经济作物。这时可采用果园生草法改良土壤，由传统的清耕法变为免耕法。

果园生草的优点是增加土壤腐殖质，促进土壤团粒结构的形成，改良土壤理化性状，可明显增加土壤中可给态养分，改善土壤酸碱度的作用。生草法可有效防止土、肥、水的流失；提高梨树对钾和磷的吸收；稳定地表温度和缓和季节性昼夜温差变化，有利于根系生长。

密植梨园种草范围是在两行树之间的间作区内种植，树下不用种草，可把每次刈割的草覆盖到梨园树下。

适宜种植的草种有苜蓿、三叶草、早熟禾、苕子、黑麦草、草木樨等，也可间作油菜，生长季节需刈割 3～4 次。也可利用自生的杂草每年刈割 3～4 次可达到同样的效果。

第二节　施肥管理

合理施肥是保证梨树实现高产、稳产、优质的重要措施之一。施肥既要保证当年高产，又要为连年丰产打好基础。施肥必须与其他管理措施密切配合才能充分发挥肥效。肥料的充分分解、养分的吸收、运输和利用，都必须在水的参与下进行。所以，施肥必须结合灌水，肥效才能充分发挥。

一、梨树所需要的矿物质元素

矿质元素主要是调解梨树的根、枝叶和果的生长之功能。其中氮、磷、钾、钙等需要量大，称为大量元素或常量元素，而镁、铁、锌、硼、锰等需要量极少，称为微量元素。各元素之间存在相互依赖和抑制作用。

1. 主要元素对梨树生长结果的作用

氮。是合成氨基酸、蛋白质、核酸、磷脂、叶绿素、酶、生物碱和维生素等成分之一。氮肥可促进营养生长，延迟衰老，提高光合效能、增进品质和提高产量。

磷。是形成原生质、核酸、细胞核、磷脂、酶及维生素等主要成分之一。磷能增加梨树的生命力，促进花芽形成，种子成熟，果实发育，增进品质，提高根系的吸收能力，促进新根的发生和生长，提高抗寒和抗旱能力。

钾。与梨树生长代谢过程密切相关，是多种酶的活化剂。可促进同化作用和碳水化合物的合成、运输和转化；促进氮的吸收和蛋白质的合成；促进果实肥大和成熟，提高果实品质和耐贮性；促进树体枝干加粗生长和组织成熟，提高抗寒、抗旱和抗病能力。

钙。参与细胞壁和细胞间层的组成。可促进碳水化合物和蛋白质的形成，调节树体内的酸碱度，平衡生理活动；促进根系吸收，减少土壤中的离子毒害作用，提高抗病性。

镁。是叶绿素的主要组成成分之一，是酶的活化剂。适量的镁可促进果实肥大，增进品质。

铁。虽不是叶绿素的组成成分，但参与叶绿素的合成过程，对维持叶绿体的功能是必需的。铁是许多重要酶的辅基成分。

锌。与生长素和叶绿素的形成有关，又是多种酶的组成成分。锌可促进梨树生长。

硼。能促花粉发芽，花粉管生长，对子房发育也有作用；能提高果实中糖的含量，提升品质；促进根系发育，增强吸收能力，增强抗病力。

锰。是梨树体内各种代谢作用的催化剂，在叶绿素的形成，糖分的积累、运输以及淀粉水解等过程中起作用，可加强光合速率，提高维生素 C 的含量。

铜。是叶绿体的组成成分之一，在光合作用中起重要作用。

2. 元素间的相互作用

元素间相互作用主要有两种，一种是相助作用，一种是抑制作用。当某元素增加另一元素随之增加的为相助作用：如氮和钙、镁间即存有相助作用，当树体内含氮量高时，吸收的镁就多。当一元素增加致另一些元素吸收减少的称为抑制作用，如氮与钾、硼、铜、锌、磷等元素间存有抑制作用。如过量施用氮肥，不相应施入其他元素，树体对钾、硼、铜、锌、磷等元素的吸收就会减少；相反，如施少量氮肥，叶片中钾的含量就增多，钾素过多，对钙、镁的吸收就减少；而低量钾肥可提高钙、镁的含量。磷素施用过量，不相应增施钾、镁肥，则会抑制树体对钾、镁的吸收，出现钾镁不足，梨树生长不良现象，同时镁素缺乏会导致锌、锰的不足。大量施磷肥还会发生缺铁和缺铜症。

在增施氮肥时，如不相应地增加磷、钾肥就会出现磷钾不足；因氮素过多，则枝叶徒长，结果少。因此，在生产上施氮肥的同时，必须配合适量的磷钾肥。所以在施肥时必须考虑元素间的平衡关系。

3. 梨树营养元素缺乏症及其矫治

（1）缺氮症　缺氮梨树叶片呈灰绿或黄色，老叶则变为橙红色或紫色，影响碳水化合物和蛋白质等物质的合成；枝叶量少，新梢细弱，落花落果严重；落叶早、花芽少。长期缺氮，则导致梨树开始消耗贮存在枝干和根中的含氮有机化合物，从而降低植株氮素营养水平。表现为萌芽、开花不整齐，根系不发达，树体衰弱，植株矮小，抗逆性降低，寿命缩短。氮素过多则枝叶徒长，根系生长和花芽分化不良，落花落果严重，降低产量、品质及抗逆性。

发生条件：土壤瘠薄，管理粗放，缺肥和杂草多的果园易发生缺氮症。叶片含氮量 2.5%～2.6% 时即表现缺氮。

矫治方法：一般正常管理的果园都不出现缺氮症，在雨季、树体需要大量氮时，可在树冠喷 0.3%～0.5% 的尿素溶液。

（2）缺磷症　缺磷会延迟梨树萌芽开花物候期，降低萌芽率；新梢和细根生长细弱；叶变小，叶缘和叶尖焦枯，叶脉紫红色，花芽分化不良，果实不能正常成熟，抗性降低。当磷供应不足时，光合作用产生的糖类物质不能及时运转，积累在叶片内转变为花青素，使叶色呈紫红色。尤其是春季或夏季生长较快的枝叶几乎都是紫红色，这种症状是缺磷的重要特征。磷素过多会抑制氮素和钾的吸收，引起生长不良；影响铁的吸收，叶片黄化，产量下降；还能引起缺锌。磷在土壤中移动慢，应在梨树急需之前施在根系分布区域内，或与有机肥混合发酵后施入为宜。

发生条件：疏松的砂土、有机质少的土壤常缺磷。当土壤中含钙量多或酸度较高时，土壤中磷素被固定为磷酸钙或磷酸铁铝，难以被梨树吸收，叶片含磷量在0.15%以下时，即表现缺磷。

矫治方法：可在展叶期喷布磷酸二氢钾或磷酸钙。因土壤碱性或钙质高造成的缺磷，需施入磷酸铵使土壤酸化，以提高土壤中磷的有效成分。

（3）缺钾症　缺钾会导致生长不良，叶片小、光合能力差，果小、含糖量低，新梢细、叶缘上卷，熟前落果，降低产量和品质。当年枝条中下部叶片边缘先产生枯焦状，叶片常发生皱缩或卷曲。严重缺钾，可整叶枯焦，挂在枝上，不易脱落，枝条生长不良，果实常呈不熟的状态。7月中旬至8月下旬，新梢中部叶含钾量低于0.5%时即缺钾。钾过盛时，果肉松软，不耐贮；枝条不充实，耐寒性降低；氮、镁、钙的吸收受阻。

发生条件：细砂土、酸性土及有机质少的土壤，易表现缺钾症。在轻度缺钾土壤中偏施氮肥，易表现缺钾症。

矫治方法：增施有机肥或种绿肥压青。生长期每公顷追施硫酸钾300～375kg或氯化钾225～300kg。叶片喷布0.2%～0.3%的磷酸二氢钾2～3次。

（4）缺铁症　可造成黄叶病。该病在中国梨区均有发生，严重时影响树势和果品产量。症状多从新梢顶部嫩叶开始发病，初期先是叶肉失绿变黄，叶脉两侧仍保持绿色，叶片呈绿网纹状，较正常叶小。随着病情加重，黄化程度愈加严重，致使全叶成黄白色，叶片边缘开始产生褐色焦枯斑，严重者叶焦枯脱落，顶芽枯死。

发生条件：土壤中铁的含量一般比较丰富，但盐碱性偏重的土壤中，大量可溶性二价铁被转化成不溶性三价铁盐，不能被利用。春季干旱时，由于水分蒸发，表土中含盐量增加，又正值梨树旺盛生长期，需铁量增多，缺铁症明显。地势低洼、地下水位高、土壤黏重、排水不良及经常灌水的梨园发病较重。

矫治方法：一是春季灌水洗盐，及时排除盐水，控制盐分上升。增施有机肥和绿肥，改良土壤，增加有机质，提高植株对铁素的吸收利用率。二是树体补铁，对发病严重的梨园，于发芽后喷 0.5% 的硫酸亚铁。

（5）缺钙症　缺钙新根短粗、弯曲、尖端不久褐变枯死；叶片较小，严重时枝条枯死，花朵萎缩；新梢嫩叶上形成褪绿斑。叶尖及叶缘向下卷曲，几天后褪绿部分变为暗褐色，并形成枯斑。这种症状可逐渐向下部叶扩展。果实缺钙易形成顶端黑腐。土壤强酸性易缺钙，含钾过高也易缺钙。钙素过多，土壤偏碱性而板结，影响铁、锰、锌、硼的吸收，发生失绿症。

发生条件：酸度较高的土壤易使钙流失。如果氮、钾、镁较多，也容易发生缺钙症。

矫治方法：一是土壤施钙，穴施石膏、硝酸钙或氧化钙，二是叶面喷钙，在氮较多的地方，应喷氯化钙。喷布氯化钙和硝酸钙易造成药害，安全浓度为 0.5%。对易发病的树一般喷 4～5 次。

（6）缺镁症　梨树缺镁，叶绿素不能形成，呈现失绿症，植株生长停滞，顶梢上老叶呈深棕色，叶脉中部脉间出现坏死区域，边缘仍保持绿色；严重时，新梢基部叶片早期脱落；果汁中可溶性固形物、维生素 C 大为降低，影响产量和品质。砂性土壤和酸性土壤镁易流失，灌水过量会加重镁的流失；施磷、钾过量也易导致缺镁症。

发生条件：在酸性土壤和砂质土壤上镁易流失，果树易发生缺镁症。在碱性土壤上则很少表现缺镁。当施磷或钾过多时，常会引起缺镁症。

矫治方法：轻缺镁时，采用叶面喷洒镁溶液，效果快；严重缺镁则以根施效果较好。根施即在酸性土壤上，为了中和酸度，可施镁石灰或碳酸镁；中性土壤中可施硫酸镁。根施效果慢，但持效期长，叶面喷施一般在 7～8 月仍喷 2%～3% 的硫酸镁 3～4 次，可使病树转好。

（7）缺硼症　缺硼时细胞分裂和组织分化都受影响，形成缩果和芽枯。梨树缺硼，小枝顶端枯死，叶稀疏，受害小枝叶变黑但不脱落，新梢顶端枯死，并逐步回枯，顶梢形成簇状；根、茎、叶生长点枯萎，叶绿素形成受阻，叶片黄化，早期脱落，开花不良，坐果差，果实表面裂果并有疙瘩，果肉干而硬，多在果肉的维管束部位发生褐色凹斑，组织坏死，味苦。果实香味差，未成熟即变黄，树皮出现溃烂。硼过量可起毒害作用，影响根系的吸收。pH 超过 7 或钙质过多的土壤，硼不易吸收。土壤中有机质丰富时给态硼含量高，所以增施有机肥料改良土壤，可克服缺硼症。

发生条件：土壤瘠薄的山地果园，河滩沙地及砂砾地果园，土壤中硼易流失。早春干旱时，也易发生缺硼症。石灰质较多时，土壤中的硼易被固定；钾、氮过多时，也能造成缺硼症。

矫治方法：合理施肥，增加有机肥料，改良瘠薄地，加强水土保持。花期前后，大量施肥灌水，可减轻缩果现象。花前、开花期和落花后，喷 3 次 0.5% 的硼砂液。

（8）缺锌症　缺锌、叶片狭小，叶缘向上或不伸展，叶呈淡黄绿色，小叶簇状，节间缩短，细叶簇生成丛状。花芽减少，不易坐果。即使坐果，果小发育不良。叶有杂色斑点，枝叶和果实停止生长或萎缩，果小、畸形。沙地、盐碱地以及山地果园，缺锌现象较普遍。

发生条件：7 月中旬至 8 月中旬，新梢中部叶锌含量低于 10mg/kg 时，即缺锌。土壤呈碱性（pH 大于 6.5）时，土壤有效锌减少，易表现缺锌症。大量施用磷肥可诱发缺锌症。

矫治方法：落花后三周，用 300mg/L 环烷酸锌乳剂或 0.2% 的硫酸锌加 0.3% 的尿素，再加 0.2% 的石灰混喷。增施有机肥料，改良土壤。

（9）缺锰症　缺锰时可导致叶绿素减少，光合强度降低。碳水化合物和蛋白质减少；梨树新梢基部老叶发生失绿症，仅上部叶保持绿色，一般叶从边缘开始，脉间轻微失绿，叶脉及其附近仍保持绿色，严重时顶梢生长受阻，先端渐变干枯，叶变褐。梨树缺锰时表现为叶脉间失绿，叶脉为绿色，即呈现肋骨状失绿。

发生条件：土壤中的锰是以多种形态存在的，在有腐殖质和水时，呈还原形为可给态；土壤为碱性时，使锰成不溶解状态，常可使梨树表现缺锰。土壤为强酸性时，常因锰含量过多，而造成果树中毒。春季干旱易发生缺锰症。

矫治方法：叶面喷布硫酸锰，叶片生长期可喷3次硫酸锰0.3%溶液。枝干涂抹硫酸锰溶液。土壤施锰应在土壤含锰量极少时进行。一般将硫酸锰混合在其他肥料中施压。

（10）缺铜症　缺铜时，梨树顶梢上叶片及当年新梢从生长点附近凋萎死亡，翌年从枯死部分下面长出一个或更多的枝条，开始尚能正常生长，但以后又发生枯梢。

发生条件：温带梨树尚未出现缺铜症。

矫治方法：如发发生缺铜症，可叶面喷施0.02%～0.04%硫酸铜溶液，并加配硫酸铜用量的10%～20%的熟石灰，以防药害。

二、肥料种类

1. 有机肥料

主要包括堆肥、沤肥、厩肥、沼气肥、绿肥、作物秸秆肥和饼肥等。其特点是来源广、潜力大、养分完全、肥效期长而稳定，属延迟肥效性肥料；农家肥施后能改良土壤，提高土壤肥力，是果园的主要用肥。

2. 化学肥料

是指用化学方法制造或者开采矿石，经过加工制成的肥料，也称无机肥料。包括氮肥、磷肥、钾肥、微肥、复合肥料等。它们具有一些共同的特点：成分单纯，养分含量高；肥效快、肥劲猛；某些肥料有酸碱反应；一般不含有机质，无改土培肥的作用。化学肥料种类较多，性质和使用方法差异较大。

3. 其他商品肥料

是指按国家法规规定，受国家肥料部门管理，以商品形式出售的肥料。包括商品有机肥、腐殖酸类肥、微生物肥、有机复合肥、无机（矿质）肥和叶面肥等。

三、施肥时间

1. 基肥

以有机肥料为主，它是能较长时间供给梨树多种养分的基础肥料。如堆肥、圈肥、人粪尿、鸡粪、秸秆等。

梨树基肥以秋施为宜，这时正是根系第二次生长高峰，伤根易愈合，可促发新根；有机物腐烂分解时间长，矿物质化程度高，可及时供根系吸收利用；有利于梨园积雪保墒，提高地温，防止根系冻害；施肥后翌年开花整齐。秋施基肥最好在9月中下旬进行。

春施基肥的特点是发挥肥效慢，前期不能被梨树吸收利用。还易加剧土壤水分蒸发；春天劳力比较紧张，影响其他作业的进行。

2. 追肥

当梨树需肥紧迫时期必须及时补充，才能满足生长发育的需要。追肥即是供给当年壮树、高产、优质的肥料，又为来年生长结果打下基础，是梨生产中不可缺少的施肥环节。追肥采用速效性肥料，如高氮复合肥、三元复合肥（含氮、磷、钾）、高钾复合肥等。这类肥料肥效快，易被梨树吸收利用。目前生产上对成年结果的梨树一般每年追肥2～4次。

（1）花前追肥　梨树萌芽开花需消耗大量营养物质，若此时氮肥供应不足，则导致大量落花落果，还会影响营养生长。此期对氮肥敏感,及时追肥可促进萌芽开花整齐,提高坐果率,促进生长。追肥时间应在萌芽前一周左右。注意早春追肥必须灌水才能充分发挥肥效。

(2)花后追肥　这次追肥是在落花坐果期进行。此期幼果迅速生长,新梢生长快。追高氮复合肥可促进新梢生长,扩大覆盖面积,提高光合效能,有利于碳水化合物和蛋白质的形成,减少生理落果。

(3)果实膨大和花芽分化期追肥　此期新梢基本停长,花芽开始分化。这次施肥即保持当年产量,又为来年结果打下基础,对克服大小年结果现象也有较好效果。这次施肥应该注意氮、磷、钾肥适当配合。追肥时间为6月中下旬。

(4)果实生长后期追肥　此期追肥重点针对晚熟品种,解决大量结果造成树体营养亏缺和花芽分化的矛盾,对提高树体营养水平有良好效果。

四、施肥量

梨树的需肥量因土壤肥力、品种、树龄等而有差异。幼旺树需肥量较少,可适当少施;大树、结果多的树适当多施;晚熟品种适当多施,早熟、中熟品种施肥量比晚熟品种施肥量要少些;土壤肥力较差的沙荒地和瘠薄岗地应适当多施。但施肥量必须适当,不是越多越好,过多反而减产。

密植梨园因栽植株数较多,又需要早期结果,因而施肥量应大于中冠树型梨园的施肥量。不同时期树龄施肥量不同。根据梨树对氮、磷、钾元素的需求和果园长期管理的经验,确定各阶段施肥量的标准,可根据当地的具体情况参考使用。

(1)幼龄期(定植1~2年)施肥量　施基肥:单株施鸡粪(羊粪)2~3kg,或牛粪(猪粪)3~4kg,或生物菌有机肥1~2kg。同时混合加入复合肥(15∶15∶15)0.1~0.2kg。追肥:生长期追2次,第一次3~4月追施尿素0.1kg或可溶性高氮复合肥0.2kg。第二次追肥幼树速生期（7~8月）追施氮、磷、钾三元复合肥0.2kg。

（2）结果初期（3~4年生树）施肥量　施基肥：单株施鸡粪（羊粪）3~4kg或牛粪（猪粪）4kg，或生物有机肥2~3kg，结合园内清理杂草、枝叶填入沟（穴）内，混合施入复合肥0.2~0.3kg。追肥：第一次（幼果期）单株追施高氮复合肥0.2kg左右，第二次果实膨大期追施高钾复合肥0.2kg左右。

（3）结果盛期（5年以后）施肥量　基肥：单株施鸡粪（羊粪）4~5kg，或牛粪（猪粪）6~7kg，或生物菌有机肥3kg左右，平衡复合肥1~1.5kg，同时增加杂草、秸秆、枝叶的埋入量。追肥：单株第一次（幼果期）追施高氮、中磷、低钾复合肥0.2~0.3kg，第二次追施高钾、低磷、低氮复合肥0.3kg左右。

（4）叶面喷肥　叶面喷肥也叫根外追肥，是一种补救措施。施基肥、追肥量不足，梨树出现生长势弱、叶黄、果小等现象，或预防裂果、增加含糖量等，达到恢复树势，增加产量，提高品质的目的。在生长结果前期一般喷施0.2%的尿素，中、后期喷施磷酸二氢钾或钙等溶液。连喷3~4次，间隔10~15天喷一次。也可喷施芸薹素、氨基酸等其他叶面肥。

五、施肥方法

密植梨园施肥方法比较简化，行状栽培模式的梨园，在一行树的两侧开沟，叫通沟施肥。团状栽植模式的梨树在固定的施肥穴中施肥。

1. 行状密植园沟施法

顺行在树两侧挖施肥沟。距树干0.5m以外开沟，沟宽50cm、深40cm。先将杂草、秸秆、梨树枝叶填入沟底层，然后把有机肥和复合肥等混合均匀后填入施肥沟中，上覆土5cm，填埋好后及时浇水，加快有机物的腐烂和分解，养分提早被梨树吸收利用，有利于断根愈合和生新根（图8-1）。

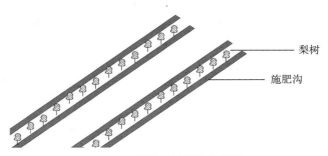

图 8-1　密植梨树条状沟施肥

2. 团状密植园固定穴施法

团状栽培模式的梨园分三株团三角形模型和五株团梅花形模型。三株团三角形模型挖圆形固定施肥穴 4 个，五株团梅花形模型挖固定施肥穴 6 个，穴直径 0.5～0.6m，深 0.4～0.5m，穴的中下层用梨园间作割下的茎秆、杂草、梨树枝叶填入，上层填入混合好的有机肥和复合肥，上盖 5cm 厚的土压实。施入后及时浇水，使有机物逐步腐烂。追肥时在穴中追施。到翌年施基肥时，穴中有机物腐烂后下沉，再用同样的施肥方法填满施肥穴。可连续施用 3 年，3 年后挖出穴中腐殖土，撒于梨树营养带中，再用同样的方法，重新施基肥，填满施肥穴。以后每 3 年更换一次。实践中发现在固定施肥穴中大约有 50% 以上的吸收根在穴内生存并源源不断输送营养供给梨树的生长和发育（图 8-2，图 8-3）。

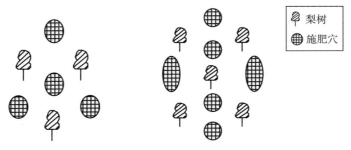

图 8-2 三株团固定施肥穴　　图 8-3 五株团固定施肥穴

第三节 灌溉管理

一、灌溉对梨树的影响

水是梨树重要的组成部分,梨树的根、枝、叶中的含水量约为50%,而鲜果的含水量则高达80%以上,梨树在生长季如缺水则会影响新梢生长、果实的增大和产量的增加。如严重缺水,叶片则从果实中夺取水分,使果实体积缩小、裂果,甚至脱落。

水是梨树生命活动的重要原料,树体光合作用、营养运输等均需水。

水有多种调节作用如可调节树温、调节土壤温度和湿度,促进有机分解,减轻冻害等。

二、灌溉时期

灌溉一是根据物候期,如新梢迅速生长期、果实膨大期需水多;二是根据土壤墒情,土壤含水量低于60%时应考虑灌水,一般按以下几个时期进行灌溉:

(1) 开花前 因早春干旱少雨,花前灌溉有利于开花和抽梢。灌水时期在萌芽至开花前。

(2) 新梢旺长和幼果膨大期 此期称为梨树需水的临界期,此时梨树对水分的需要最多,如果水分不足,则叶片夺取幼果的水分,造成幼果脱落、产量下降。

(3) 果实迅速膨大期 此期灌水可促进果实肥大,增加产量。

(4) 入冬前 此期灌水称为封冻水,寒冷地区梨树越冬后易发生抽条现象。在入冬前灌透一次水可防止抽条,对梨树越冬极为有利。

三、灌溉方法

（1）树盘灌溉　以树干为圆心修圆盘状树盘，与灌溉沟相通，灌后松土并覆草，以减少水分蒸发。

（2）沟灌　在行间开沟，深20～25cm灌后将沟填平。

（3）喷灌　利用喷灌设备把水喷到空中形成雾状进行灌溉喷灌。可节约用水20%以上，保持原有土壤的疏松状态，调节梨园的小气候；节省劳力，工作效率高。但喷灌设备投资过大。

（4）小管促流　利用先进的机械化与自动化灌溉技术，以细小水流缓慢地施于梨树根域的灌水方法。可节约用水，节省劳力，有利于梨树的生长结果。缺点是管材多，投资较大。

第八章
密植梨整形修剪

CHAPTER 8

第一节　树体结构与树团结构

梨树的树体结构由梨树的枝干和枝芽两大部分组成。由多个单株树体结构合理组合在一起，就组成不同结构的树团。

一、梨树的枝干

主干　由根颈至第一主枝，一般主干高50～80cm。

中心干　树冠中主干垂直延长部分，也叫中央领导干。

树冠　主干以上抽生的主枝构成树冠。

主枝　中心干上的永久性结果枝，也叫骨干枝。

辅养枝　中心干上除永久性结果枝之外的枝，起辅养树体和辅助结果的作用。

延长枝　主干和主枝的先端延长部分。

竞争枝　与主干或主枝延长枝相竞争的一年生枝。

营养枝 只着生叶芽的一年生枝条的总称，包括发育枝、叶丛枝、徒长枝。按长度划分有三类，长枝，长度 15cm 以上；中枝，长度 5～15cm；短枝，长度 5cm 以下。

发育枝 生长健壮、芽体充实饱满，是形成骨干枝的主要结果枝条。

徒长枝 由多年生枝干上的潜伏芽受到刺激后抽生的生长强旺枝条。节间长、不充实。

叶丛枝 未形成花芽的短枝，节间短、叶片密集，常呈莲座状。

结果枝组 由生长枝和结果枝组成的多个枝条。

结果枝 带有花芽的枝条。分长、中、短三类。长度 15cm 以上的为长果枝、5～15cm 的为中果枝，5cm 以下的为短果枝。

短果枝群 短果枝分枝后的总称，即多个短果枝组成的多年生枝群，俗称"鸡爪枝"。

果台 着生果实部位膨大的当年生枝。

果台副梢 结果枝开花结果后，由果台上抽生的副梢。

二、枝芽的特性

顶端优势。一个直立生长的枝条顶端芽萌发早，生长势强，生长量大，而侧芽抽生的新梢由上而下生长势依次减弱，角度也开张，最下部的芽一般不萌发而成休眠状态，这种现象称为顶端优势。

垂直优势。枝条与芽的着生方位不同，生长势表现很大差异，直立生长的枝条生长势旺，枝条长，接近水平或下垂的枝条则生长势弱且短，而枝条弯曲部位的芽其生长势超过顶端，这种因枝条着生方位不同而出现了强弱变化的现象称为垂直优势。

芽的异质性。梨树每年春季萌发后在新梢的叶腋内陆续形成的芽，由于各芽形成时枝条内部营养状况和外界条件的不同，因而在同一枝条上不同部位形成的芽，其大小和饱满程度不同，这种现象称为芽的异质性。比如梨树新梢中上部形成的芽质量最好,为饱满芽,中部以下接近中部的芽为次饱满芽,基部的芽最小、质量差,一般不萌发呈潜伏状态。芽的饱满程度,明显的影响所抽生新梢的长度,因而在修剪上常利用芽的异质性来调节枝条的生长势,进而调节生长与结果的关系。

萌芽力。又称萌芽率,即一年生枝上的芽能萌发成枝叶的能力,通常以芽的萌发数占全部芽数的百分率来表示。

成枝力。一年生发育枝上萌发的芽,抽生成枝的能力。

三、树体结构和树团结构

(一)树体结构

由于密植梨树栽培模式不同,因此树体结构也略有不同

1. 主干型树体结构

主干型树体结构多适用于行状密植栽培模式。主干型的树体结构由三部分组成。一是主干,根据建园的密度大小和建园情况确定主干的高度,密度越大主干要低,密度越小,主干越高。一般主干高为 0.5～0.7m。二是树高,树高要控制在 2～2.8m,栽植密度大的梨园或温室大棚,树高一般控制在 1.5～2m,密度越小的如 1m×4m 的梨园,树高控制在 2.8～3m。三是留枝量,单株留结果枝 15～25 个稳定结果主枝,树体结构见图 9-1。

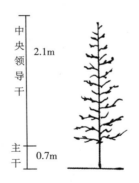

图 9-1 主干型树体结构

2. 弯曲主干型树体结构

弯曲主干型树体结构是由主干型改良而来,更适合于行状或团状密植栽培模式的梨园应用。树体结构由 4 部分组成。一是主干,

主干的高度与主干型的高度要求一致，根据建园密度大小确定，一般为 0.5～0.7m。二是树高，一般控制在 2.5～2.8m，根据密度大小确定具体的高度。三是中央领导干斜生部分（即弯曲主干）的长度为 1～1.3m。四是中央领导干直立部分，总高度为 1.8m 左右（包括主干高）。五是结果主枝数量为 15～25 个，下部大型结果枝、中部中型结果枝，上部小型结果枝依次排列（图 9-2）。

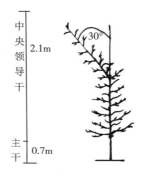

图 9-2　弯曲主干型树体结构

3. "Y"字形树体结构

"Y"字形树体结构多应用于行状栽培模式。"Y"字形树体结构由三部分组成，一是主干，一般主干高 0.5m。二是结果枝组，每一主枝上着生大、中、小结果枝组 10～12 个，从基部向上依次排列（图 9-3）。

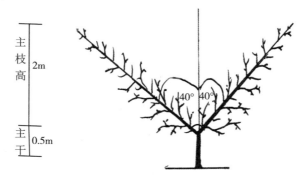

图 9-3　"Y"字形树体结构

（二）树团结构

团状栽培模式中的树团结构依单株数量和布局形式可分为三角形三株团，正方形四株团、梅花形五株团等。团内株距一般为

1～1.3m，团与团之间的距离一般为2～2.4m。团状栽培方法首先增大了栽植行的宽度，因而可快速提高梨树的覆盖面积，使株与株间留出了较大空间，让梨树中、下部的主枝可向四面八方伸展，解决了行状栽培梨树的枝条只能向两侧生长，行内无生长空间的弊病。梨树的上部是呈向外倾斜30°～35°的弯曲主干，弯曲主干上配置较小的结果主枝，使光照可直接从团状结构的中央射入到树体的中下部，提高了光能的利用率，有利于品质的提高。上部的弯曲主干向外倾斜伸长，有效利用了上部的空间，既增加了覆盖面积，又有利于团行间的机械化作业，因此是提高果品产量和质量的关键性技术措施。这样，三角形三株团梨树和正方形四株团梨树就形成了高位开心的团体冠形；梅花形五株团就形成了单层一心的团体冠形（图9-4～图9-6）。

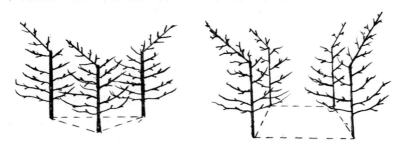

图9-4 三角形三株团团冠结构　　图9-5 正方形四株团团冠结构

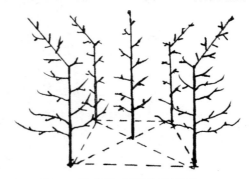

图9-6 梅花形五株团团冠结构

第二节 不同树体结构的整形修剪

一、主干型树体结构

（一）修剪时期和方法

1. 修剪的时期

梨树修剪的时期一般分为休眠期（冬季修剪）和生长期间修剪（夏季修剪）。在休眠期（冬季）树体贮藏养分比较丰富，地上部分修剪后枝芽数量减少，剩下的枝芽可集中利用贮藏养分。生长期（夏季）修剪由于树体贮藏养分较少，同样修剪量对树体生长抑制作用较大，所以夏季修剪要轻。但运用得当，可及时调节生长和结果，促进花芽形成和果实生长。

2. 修剪方法

密植梨树的修剪方法不同于其他栽培方式的大冠树型或中冠树型。由于栽植密度较大，树体结构由原来的疏散分层形和双层半圆形改为主干型或弯曲主干型，部分果园的栽培模式已由原来的行状均匀栽植改为团状非均匀栽植。因此，树体结构简化，修剪方法也随之简化。一些复杂的整形修剪方法已不宜在密植梨树上应用。密植梨树修剪常用的主要方法是：

（1）定干或留干　根据密植梨园定植的苗木规格大小，确定定干和留干。定植 0.8～1.4m 高度的苗木，栽后可直接定干，待中央主干抽生延长枝生长 1 年后，到冬季再对主干延长枝刻芽。如定植苗采用 1.5m 高以上的特级大苗（一年生）可不定干，直接采取刻芽法，当年可抽生分枝。当年分枝的顶芽和顶部侧芽可形成花芽，栽后翌年即可结果。这样栽植大苗留干的梨幼树比定干的梨幼树早结果一年，留干苗最好在秋冬栽植。

（2）刻芽　刻芽是密植梨树早果早丰的重要措施之一。刻芽的方法有两种。一种是在芽的上方刻伤、横刻皮层深达木质部，这样可阻碍养分向上输送，从而使刻伤的芽因截流得到了充分的营养供应，有利芽的萌发，形成良好的枝条。这样形成的中、短枝上的顶芽能分化形成花芽。另一种是在芽的下部刻伤，能阻碍营养物质向下部运输，营养物质积累到上部的枝芽上，起到抑制枝条的先端生长，促进花芽形成和枝条成熟的作用。因此要想在中央主干上多发分枝时，就需要在芽上方刻伤，要想缓和枝条的生长势或促使形成花芽时，应在芽的下方刻伤。这一方法在密植梨园的应用，能达到早结果、早丰产和以果控冠的目的。但刻芽方法不同，刻芽的时期也不同，在芽上方刻伤促发分枝，冬季落叶后至发芽前进行；在芽下方刻伤促花芽形成，应在 5 月下旬至 6 月上旬进行。

（3）疏枝　又叫疏剪，即将枝条从基部剪除。主要是疏除病虫枝、干枯枝、过密枝、衰老下垂枝。疏枝的目的是减少枝条密度，改善光照条件，促进花芽形成和坐果。密植梨树的疏枝要留好、留匀，中心干上着生的主枝，下部要留壮疏弱、留大疏小，上部留短疏长、留小疏大。

（4）缩剪　剪去多年生枝的一部分叫缩剪。将过长的多年生枝由外向里缩剪叫回缩，由上向下缩剪叫压缩。缩剪多用于骨干枝、枝组的更新。因为复壮树势必须缩短较大枝条的长度，减少大枝上的小枝量，使留下来的枝在营养上得到较好供应，从而起到复壮树势的作用。对衰老的主枝要重缩剪，刺激下部抽生徒长枝，重新形成树冠。

（5）缓放　又叫长放或甩枝。对营养枝不剪，以缓和生长势称为缓放。其作用是缓和枝势，增加中短枝数量，有利于营养物质的积累，促进花芽形成。定植后 1、2 年里的幼旺树多采用缓放提早结果。

（6）拉枝、撑枝　即改变枝梢的正常生长方向，缓和树势。可防止下部光秃，合理利用空间，以利于通风透光，提早结果增加产量。

特别是在开张大枝角度方面应用最广。

（二）不同年龄时期的修剪

1. 定植第 1 年

定植后及时定干或留干刻芽。定植苗高 0.8～1.4m 的苗木，从 0.5m 或 0.8m 处剪截定干；栽植 1.5m 高以上的大苗，栽后及时浇水不定干，从 0.7m 高度向上刻芽，距顶端 20cm 时停止刻芽。生长当年可抽生出分枝，分枝顶芽当年可成花。生长当年一般修剪量很轻，可及时除去主干上着生的枝条，以及与主干竞争的分枝和嫁接砧木上萌发的枝条。中心干延长枝冬季刻芽时，顶端留 30cm 不刻。

2. 定植第 2 年

夏季修剪：对中心干刻芽萌生的新枝及时开角。待新枝长 15cm 以上时，可用牙签由上端顶入主干，下端支住新生分枝，这一方法操作简单、经济实用、效果很好。主枝上萌生的较大直立枝和较大分枝要及时疏除，保证主枝单轴延伸。冬季修剪：疏除中心干上的过密枝、交叉枝、病虫枝，主枝粗度超过中央主干的 1/3 时应疏除。中心主干要注意下部留大枝壮枝，疏小枝弱枝；中心干中部要疏除过大枝和弱小枝，留中庸枝；中心干上部留小枝、短枝，疏去大枝与竞争枝。使树体形成下大上小的尖塔形树形。中心干延长枝继续刻芽，上部留 30cm 不刻，下部着生的较大主枝上刻芽，在芽的下方刻伤促发短枝，当年促成花芽。但只刻左右两侧芽，背上芽和背下芽不刻。

3. 定植第 3 年

夏季修剪：疏除结果枝上的背上枝、先端萌生的多头枝和主干上密集的辅养枝。角度较小的结果主枝要拉枝开角。冬季修剪：中心干延长枝继续刻芽，中心干高度达到 2～2.8m 时剪截，留弱枝或斜生枝带头。注意剪口处应是二年生干、分枝上方剪截，如是一年生延长枝不剪截，缓放一年再剪截。中心干延长枝刻芽，留顶端 30cm 不刻。

4. 定植第 4 年

4 年生树树体结构已经形成，注意树体的留枝量。密度较大的小型梨园或日光温室栽植的梨树，单株留枝量 10～15 个。1m×4m 密植园，单株留枝量 20～25 个，其中中下部留较大主枝 10 个左右，中上部留小型主枝 10～12 个，形成下大上小的尖塔形树型。夏剪时需根据透光情况疏除部分密闭的主枝，及时疏剪主枝上分生的大枝，保持单轴延伸；中上部疏除较大的主枝，留中小枝，以打开光照通道，达到枝枝见光。冬季修剪时要注意疏除树干上多余的主枝。即下部疏除较小的枝，上部疏除较大的枝，形成从下向上依次变小、均匀向上排列的尖塔形树形。缓放过长的结果主枝结果后要回缩修剪，促进内膛短果枝生长和花芽形成。

5. 结果盛期

定植第 5 年以后树体已经形成。修剪方法主要是疏除主枝上分生的大枝、回缩修剪长放的结果枝，回缩或疏除细弱枝，促使形成短、粗、壮果枝。修剪短果枝群，去背上、背下果枝、留两侧斜生果枝，这样可以提高果实品质、延长短果枝的寿命和连续结果的年限。结果盛期的梨树是结果量大、产量高、树体消耗营养最多的时期，在搞好肥水管理的同时，通过修剪手段调整树势至关重要。因此结果主枝上的结果枝组的培养和选留是维持和延长梨树稳产、高产的最根本条件之一。因为密植梨树中心干上着生的都是主枝，数量多但主枝较小，所以对枝组的选择是中、小结果枝组，大型结果枝组不适宜在密植梨树上应用。根据主枝的大小及承载能力、确定培养枝组上着生枝的数量。一般下部的较大枝培养选留 3～4 个枝组，中部的中等主枝上培养选留 2～3 个枝组，上部小主枝上培养 1～2 个枝组。

6. 衰老期更新修剪

密植梨树进入衰老期按普通管理水平应在 15～30 年以后，衰老期的梨树结的梨果个头变小、挂果量减少、产量偏低。主要与主枝和主枝上的结果年限和寿命有关，需要对主枝和枝组进行复壮或更新，主要方法是：

（1）回缩更新　回缩修剪：回缩主枝长度的 1/2～2/3，比如主枝长 1.2m 回缩剪留 0.6m 或 0.4m。主枝基部要留有较长的基轴，使基轴上萌生出大量新生枝条。保留先端生长健康的延长枝和两侧的分生枝，疏除多余的萌生枝，培养结果枝及结果枝组。

留桩剪截：上部较小的主枝采用留桩（5～10cm）剪截，在留桩上重新发新枝，培养主枝和结果枝组。剪截前一年对主枝适量回缩修剪，并在主枝基部 10cm 左右处多道环割，刺激萌发新枝，集中养分供新生枝生长。翌年春季萌芽前，在新生枝的前段截去主枝，留桩长度从基部向上依次留桩 30cm、20cm、10cm，最好在留有短桩上发生新枝作为更新枝。如果枝量不够用，可在缺枝处的主干上采用多道环刻促发新枝。也可采用嫁接的方法，在缺枝处直接插接穗，插皮接或腹接均可。中央主干截头，截留高度为树高的 2/3。如树高 3m，以 2m 高处剪截，剪截处最好有一向上或斜生的壮枝，作为中心干的延长枝。如无理想的枝，待截后选留萌生的枝作为中心干延长枝头。更新后 2～3 年可基本恢复树体结构。

主干高度压缩修剪，一般在树高的 1/3 处剪截，促进下部主枝更新的营养供应。剪截后萌生的枝条较多，选留一个直立粗壮的枝作为中心延长枝，疏除竞争枝。生长一年后，冬季修剪时要对新生枝条全部刻芽，刻芽方法同前文，翌年即可结果。这一更新方法树体恢复快，结果量大，很快可以恢复产量。

（2）采伐更新　把梨树全部刨掉重新栽植叫采伐更新。这一更新方法适宜一些管理粗放、梨树生长不良、病害较重的园。在梨园原地更新的缺点是土壤营养成分含量降低，地下残留根较多、根系腐烂后有害病菌发生较普遍，故往往采用异地更新的方法，在梨园附近更新，选择土地重新建园。但密植梨树行距较宽，株距较近，大量的根系分布在树两侧1m以内，种植带（2m宽的梨树畦）外根系分布很少，故可原地更新建园。原地更新建园的技术措施是：

①新植梨树定植在原梨树两行中间的位置，这样可避免梨树腐烂根系上的有害菌传染到幼梨树根系上。切忌新梨树栽在原梨树行内。
②定植前开定植沟，沟宽0.6～0.8m、深0.4m，沟内填入生物有机肥和复合肥，并与土壤均匀混合。单株平均施有机菌肥1～2kg，氮、磷、钾各15%的复合肥0.2kg左右。或填入发酵好的鸡粪、羊粪、猪粪等5～6kg/株。混合好的肥土填入施肥沟，然后在填好的肥土上栽植。这样施入的有机肥可改良土壤的理化性质，生物菌可杀死原腐烂根上的有害菌，可解决重茬影响梨苗生长发育问题。

二、弯曲主干型树体结构

弯曲主干型的修剪时期和修剪方法，与主干型相同，不再重复介绍。不同点是弯曲主干的培养和轮状间隔刻芽。

1. 弯曲主干的培养

培养弯曲主干型树体结构的目的是控制顶端优势，调节树体养分的合理分配，解决树势上强下弱问题。其次是解决光照问题。因为行状栽培弯曲主干型树体的方向一株向左弯曲，一株向右弯曲，整行树形呈"Y"字形，这样就打开了阳光从顶部射入的"天窗"，起到了"去帽子"的效果。

具体操作方法是：当中央主干长到2m以上的高度时，冬季修剪时从1.8～2m高度位置剪留，剪口下第2芽或第3芽是弯曲主干型可培养的延长枝。因此，剪截之前要选好一侧的外芽作为培养的芽枝，从选留芽向上数第2个芽或第3个芽上方剪截。生长一年后，到冬季修剪时，剪除第1芽枝或第1第2芽枝，选留方向和角度适宜（30°～35°）的第2芽枝或第3芽枝作为延长枝。翌年弯曲主干部分基本形成，修剪时注意剪除背上生长的营养枝，留两侧斜生的枝条，少留背下枝。

弯曲主干上应培养小型结果枝组为主，这样光照条件好，果实品质好。

2. 轮状间隔刻芽

轮状间隔刻芽的目的是促使下部着生较大主枝，控制树体养分垂直流向，合理调节树体营养的分流，为牵制树体上强，防止结果中、后期部位上移起到关键作用。

具体操作方法是：从主干预留的高度开始刻芽，刻3个芽（一轮），留3～4个芽不刻，然后向上再刻3个芽，再留3个芽不刻，再往上全部刻芽。这一刻芽法是把两芽枝的营养供应到一个枝条上，促进这一芽枝的快速生长，及早培养出较大、较壮的下部主枝。经过一个生长季节，到冬季落叶后（或春萌芽前），在中心干刻芽的同时，把下部轮状刻芽生成的大枝、长枝逐枝刻芽。距中心干20cm以外开始刻芽，只刻左右两侧的斜生侧芽，背上芽和背下芽不刻，距顶端20cm不再刻芽。刻芽的主枝上抽生短枝，当年可以形成花芽。

三、"Y"字形树体结构

"Y"字形树型在桃树上应用比较普遍，梨树上应用较少，"Y"字形行状栽植适合密植，因为两大主枝向左右两侧生长，是可充分利用光照条件的一种模式。此模式改变了养分垂直的方向，可有效控制树体上强，而且减少了苗木的使用量，还可节约一部分苗木资金的投入。

1. "Y"字形树体整形

"Y"字形梨树树体由两大主枝组成，主枝上着生结果枝组，两主枝夹角呈70°～80°，向两侧倾斜成"Y"字形。主干高，一般为0.6～0.7m，两主枝垂直高度2.5m左右，主枝伸长1.5m左右，根据行距的大小可长可短。每一主枝上分布10～12个结果枝组，基部为较大结果枝组，向上依次培养中型结果枝组和小型结果枝组。

2. "Y"字形树体的修剪

定植第1年：栽后及时定干，干高一般为0.6～0.7m。待新梢长至 30cm 左右时，选留两个生长势相近、粗度和长度相近的新梢作为培养的主枝，向左右两侧斜上方延长生长。剪除选留主枝下方的第二芽枝（竞争枝）。其他新梢全部保留，促进当年生长。落叶后冬剪时，剪除基部砧木上萌生枝条和主干上的分生枝。疏除两主枝上着生的直立大枝，并疏除先端多头枝和竞争枝，选留一个粗壮而且方向适宜的延长枝作为枝头。冬季或翌年春季萌芽前进行两主枝刻芽，只刻主枝两侧的芽，背上芽和背下芽不刻，距顶端 30cm 不再刻芽。

定植第 2 年：生长季节及时疏去两主枝上的直立枝，两侧生长的过大枝，其他两侧生长的中短枝缓放不短截，在二年生枝上分生的较大平斜枝进行刻芽，距主干 20cm 内不刻芽，两主枝上只刻两侧芽，背上芽、背下芽不刻。5 月下旬至 6 月上旬，主枝上已刻芽抽生的短枝，在芽下方进行第二次刻芽，截留养分向下输送，促短枝顶芽成花。

定植第 3 年：对两大主枝的延长枝继续刻芽，使主枝上多发短枝，5 月下旬至 6 月上旬在新生短枝的下方再进行第 2 次刻芽，增加花芽形成数量，为翌年丰产打好基础。冬季修剪时调整树体结构，对粗大分生枝，超过主枝粗度 1/3 的，要从基部疏除，过长的分生枝待结果后回缩修剪，复壮内堂枝。枝量过大时要疏除下部细弱枝和上部的大枝，达到各类枝合理分配、均衡生长。

定植第 4 年以后，已基本进入盛果期，修剪的重点是确定结果主枝的数量，逐步疏除两大主枝上着生的辅养枝，改善通风透光条件；着重培养主枝上的结果枝组，随着树龄的增加，结果枝组需要逐年进行修剪调整，处理好常年结果而形成的短果枝群（"鸡爪枝"）。要采用去直留平、去下留斜的修剪方法，使结果枝组结果稳定、延长寿命。密植梨树的盛果期一般可达 15 年以上，在这期间，结果枝组的培养、调整、更新可以通过修剪的手段实现维持和延长梨树的稳产、高产。

更新期衰老树的修剪与主干型的更新修剪方法基本相同，可参照进行。

第九章 花果管理与采收贮藏

CHAPTER 9

第一节 花果管理

一、人工辅助授粉

1. 梨树授粉的必要性

由于部分梨的品种不能自花结实,靠自然授粉坐果率低、品质差、个头小、果型不端正。为提高坐果率和果品质量,需进行人工辅助授粉或定植时配置足够数量的授粉树。对梨树进行人工授粉,也就是人为辅助授粉受精过程,不但是增加梨树产量的有效途径,更是提高梨果品质的重要技术措施。

2. 授粉品种的选择

选择经济、性状优良、花粉量大,与主栽品种亲和力良好并能花期相遇的品种作为梨树授粉品种。

3. 花粉的采集

（1）鲜花的采集　最佳时期为授粉树的花呈"大气球"时，即在花蕾分离膨大，但尚未开放之前（一般是花前的1～2天的鲜"铃铛花"），不可过早亦不能太晚。过早，花粉粒尚未发育充实，活力差，发芽率低，不利授粉受精；过晚，不利花药的脱取工作。采花的时间以天气干燥、花朵上无露水为宜，否则会影响或延长花药的晾晒工作。

（2）脱花药　大型农场、梨园可使用机械脱花药。一般果园可用人工取药的方法，先将花瓣剥去，双手各执一朵花，相互搓揉，直至花药全部脱落为止。然后将花梗、花丝、花瓣等杂质拣出、筛净即可送至"干燥室"进行干燥散粉。亦可不去花瓣直接将花药搓下，但会增加花药提纯的工作量。

（3）花粉晾晒　将提纯的花药（纯度愈高愈好。尤其使用液体喷雾授粉时，如有大量花梗，会堵塞喷头）均匀、薄薄地摊晾于表面光滑的纸上，越薄越好，不宜用报纸等表面粗糙的纸张，避免由于其黏附力而造成花粉的浪费。应注意晾晒过程是一个阴干的过程，需避免暴晒，否则会降低花粉的活力。一般在室温20～22℃的情况下经25小时左右花粉即可干裂、散出黄色花粉，花粉干燥后装入广口瓶里，放在低温干燥的地方暂时存放。

为促使花药早开，可将其置于温箱（室）内或暖炕上，采集后的鲜花药在干燥通风的情况下保持室温22～25℃，但温度不能超过25℃，以免影响花粉的活力。

通常10kg鲜花可提取鲜花药1kg，阴干后可生产带药壳的干花粉0.2kg，能供生产5000kg梨树的花朵授粉，生产中可依此来确定应采集花朵的数量。

（4）花粉的稀释　为节省花粉，应用滑石粉、淀粉或脱脂奶粉等填充剂稀释花粉2～4倍后备用。为了混合均匀，可过1～2次的细箩除去杂质，然后分装小瓶即可使用。

（5）花粉的贮藏　生产经验表明，如采集或购买的花粉较多，当年不能用完需进行贮藏以便来年再用。为保持其生命力，需满足低温、干燥、避光3个条件。据试验，将花粉装瓶，放入干燥器（内有硅胶），外罩黑布，然后置于0～5℃的冰箱，花粉活力可保持2～3年。

4. 授粉时期

授粉时间应在开花量占总花量25%～30%时开始，2～3天内完成。因为梨树开花后3天内受精能力强，应抓住3天内的关键时期进行。具体授粉时间应选天气晴朗、风和日丽、花柱释放黏液的当天上午最好，风沙天气不宜进行。

5. 常用的辅助授粉方法

（1）人工点授　在授粉树少或授粉树当年开花少时，尤其遇到连日阴雨的不良天气或梨花遭受冻害，有效花大大减少的情况下，实行人工点花授粉是保证坐果的可靠措施。点授时可用毛笔、纸棒、纱布团或铅笔的橡皮头等蘸取稀释后的花粉，直接点于2～3序位边花的柱头上，一般每花序授1～2朵花即可，蘸一次花粉可点4～5朵花。其中以纸棒最为经济、简单，纸棒是用旧报纸制成，先将报纸割成5～7寸宽的纸条，再将纸条卷成似铅笔粗（越紧越好），一端削尖，并磨出细毛。点授时，纸棒尖端蘸少量花粉，在花的柱头上轻轻一抹即可。

此种授粉方法广泛为梨农采用，效果最好，但最费时费力。点授的数量可根据每株开花的多少及点授时间的不同决定，开花多或在适期授粉的，可适量地少授，反之，可适当地多授，一般开花枝占30%～40%的树，每丛点授1～2朵花，即可满足丰产需要。开花少的树，每丛可点授2～3朵花，开花过多的树（50%～60%）可选花丛点授，每丛点授1～2朵花，不能每丛都点，以免坐果过量。

（2）掸授法　当授粉树较多，但分布不均匀，主栽品种花量少时，可采用鸡毛掸子授粉法。具体方法是：当主栽品种花朵开放后，授粉品种花药散粉时，用木棍或竹竿的上端绑上软毛毛掸，先用毛掸在授粉树上滚动蘸取花粉，然后再移至主栽的品种花朵上滚动授粉，这样往复地进行互相传粉。此法在花期阴雨、大风时不宜使用。在用毛掸授粉时，主栽品种与授粉品种距离不能过远。同时蘸粉后不要将毛掸猛烈震动或者急速摆动，以防蘸取的花粉失落。授粉时还应注意要在全树上下、内外均匀进行。以确保全树坐果均匀。这种方法简便易行，比较省时，但浪费花粉，一般在花量大的年份采用。

（3）挂罐与震花枝授粉　在授粉树较少，或授粉树虽较多但在当年开花很少的情况下进行。在开花初期，剪取授粉品种的花枝插在罐或瓶中，挂在需要授粉的树上。挂罐后，如传粉昆虫较多，开花期天气晴朗，一般有较好的授粉效果。但应时常调换挂罐位置，使全树坐果均匀。

为了高效利用花粉挂罐，可与震花枝结合进行。剪来的花枝绑在长约一丈（约 3.33m）的长竿上，高举花枝伸到树堂内和树冠上，轻轻敲打长杆，将花粉振飞散，振后再插入水罐里。两相结合授粉效果好，但这种方法由于每年剪取花枝，会影响授粉树的生长。在授粉树少的情况下，剪取花枝应有一定的局限，不宜大面采用。

如无挂罐条件时，可结合花前灌水，使花期土壤潮湿。剪下的授粉枝去掉叶及花瓣、插在树周围的湿土上，未开裂的花药于次日即可散粉，再用振花枝的方法进行授粉，亦有较好的效果。

（4）高接授粉枝　对缺乏授粉树的梨园，进行人工授粉，虽能提高坐果率，也是保证产量的一项有效措施。但每年开展授粉费工较多，为了解决长期的授粉问题，可以高接授粉品种。高接时大树可采用多头高接，幼树可用芽接方法。

（5）引蜂授粉　适用于授粉树较多，占全园的 20% 以上，配置较均匀的梨园，为提高坐果率，在开花期可以从外地引进蜂群。一般每 10 亩梨园引放 1 箱蜂较为适宜。引峰要在花前 2～3 天，将蜂箱安放在园内，以便蜜蜂能熟悉果园情况，远飞传粉。

（6）补植授粉树　在缺株的地方补植授粉树，也是解决长期授粉问题的有效方法。

（7）喷雾法　以低容量或超低容量喷雾器，对花朵进行喷雾授粉，时期以盛花中期最好。花粉液的配制方法为 20g 花粉加水 10kg。为促进花粉管伸长、提高坐果率，可加入 10～15g 硼砂，亦可于喷雾时加入少许糖。此方法授粉均匀，效益较好，但花粉液不能长时间存放。一般配后 2～5 小时内喷完为宜，否则花粉会提前萌发，降低授粉效果。

二、疏花疏果

疏花疏果是人为及时疏除过量花果，保持合理留果量，稳定树势，实现稳产、高产、优质的一项技术措施。

1. 疏花疏果的时期

疏花疏果的时期应根据花量、气候、树种、品种及疏除方法等具体情况来确定。疏花疏果时期应掌握以下几项原则：

①花量大的年份应早进行。②自然坐果率高的树种、品种应早进行。③自然坐果率低的树种、品种，可以只疏果、不疏花。④早熟品种宜早定果，中晚熟品种可适当推迟。⑤花期经常发生灾害性气候的地区或气候不良的年份应适当推迟。

2. 疏花疏果的方法

疏花疏果必须严格依照负载量指标确定留果量。具体方法分为人工疏花疏果和化学疏花疏果。

（1）人工疏花疏果　人工疏花疏果一般在了解成花规律和结果习性的基础上，为了节约贮藏营养，减少养分消耗，原则上以早疏为宜，"疏果不如疏花、疏花不如疏花芽"，所以人工疏花疏果一般分为三步进行：

第一步，疏花芽。即在冬剪时，对花芽形成过量的树，进行重剪，着重疏除弱花芽，过密花枝，回缩串花枝，对中长果枝破除顶花芽；在萌动后至开花前，再根据花量进行花前复剪，调整花枝与叶芽枝的比例。

第二步，疏花（或疏花序）。疏花序应在花序伸出期至花期，疏除过多的花序和花序中不易坐优质果的次生花。疏花一般是按间距疏除过多、过密的瘦弱花序，保留一定间距的健壮花序；对坐果率高的品种可以只保留 2～3 个健壮花序，疏去其余花序。梨树应留边花 2～3 朵，疏花时应保留叶簇（以后抽生出果台副梢）。

第三步，疏果。在落花后两周开始至生理落果结束之前，一般分两次进行。第一次以疏密、疏小、疏病虫果、畸形果为主；第二次主要是选优定果，定果是在幼果期，依据树体负载量指标，人工调整果实在树冠内的留量和分布的技术措施，是疏花疏果的最后程序。定果时实际留果量比定产留果量多留 10%～20%。以防后期落果和病虫害造成减产。定果时应疏除梢头果、纵径短的小果、背上及枝杈卡夹果，先留纵大果、下垂果或斜生果。对于大果形的品种，在花量充足时，几乎全部留单果，梨树多留基部低序位果。

（2）化学疏花疏果　化学疏花疏果是在花期或者幼果期喷洒化学疏除剂，使一部分花或幼果不能结实而脱落的方法。此法具有省时、省工、成本低、疏除及时等优点，同时也存在诸多因素影响，而产生疏除不足或疏除过量现象，从而使这项技术在实际应用中有一定的局限性。

影响化学疏果的因素：①时期。由于疏除剂的疏除原理及作用时期不同，不同疏除剂适宜的使用时机有较大的差异。②气候。使用化学喷药后若空气湿度大或遇小雨会增强疏除作用。在晴朗温暖的天气喷药疏除效果比较缓和，不宜出现疏除过量的危险。③树势和树龄。不同的树势对疏除的效果有很大影响，一般在相同的用药条件下，树势健壮，花芽质量好的疏除难度大，反之，疏除较易。另外，结果初期的树比成年树容易疏除，因此在实际生产中，对结果初期的树进行疏果时，药剂用量应减少 1/3～1/2。④品种。不同品种对同一疏除剂的反应存在差异，一般自然坐过率高的品种疏除较难，但不易造成疏除过量的大面积减产的危险。

建议：原则上使用疏花疏果剂，使用浓度不易过大，并应结合人工疏花疏果措施进行，即先应用疏花疏果剂疏除大部分过多花果，再进行人工调整。这样既发挥了疏花疏果剂化学疏除的高效省工的优点，又防止了过量疏除的危险。

三、果实套袋

1. 果实套袋的作用

（1）改善果实外观品质　梨果套袋是生产精品梨、提高外观品质的有效途径。套袋后，成熟时果点和锈斑颜色变浅，面积变小，蜡质层增厚，叶绿素减少，果皮细嫩、光洁、色泽白黄鲜亮。套袋后的水果还能够降低鸟、兽的侵害，不会受到果蝇携带细菌的感染，无污染、少病虫危害，很受国内外市场欢迎。另外还可减少被树枝刮伤，避免阳光的直接照射等，对外观品质的改善有一定的作用。

（2）改善果肉品质　套袋果实石细胞小而少，肉质口感细腻。因为套袋后果实在弱光下发育，其苯丙氨酸解氨酶和过氧化物酶活性受抑，酚类物质、木质素的形成减少，抑制了石细胞团的扩大，使肉质变细。

（3）提高果实的贮藏品质　套袋果实贮藏期间失水少，这与其果面蜡质厚，果点与锈斑面积小有关，套袋果实果点和锈斑的面积约为不套袋的 1/3。套袋果实贮藏期间"黑心"发病率远低于不套袋果实。

由于套袋果实病虫侵害极少，且机械伤害少，故贮藏期间烂果少。

（4）减少果实生长期间病虫危害　由于纸袋对果实的保护作用，有效地减少了病虫为害果实，如食心虫、椿象、梨木虱、黑星病、轮纹病等生产常见的果实病虫害得到了很好控制。

（5）减少果实污染　套袋后农药、烟尘和杂菌不易进入袋内，所以，果实受污染程度大大减轻。生产上在正常防治病虫害的情况下套袋果实每1000g农药残留量为0.045mg，而不套袋果实为0.23mg。

目前，果实套袋也引发了一些不良问题，如套袋果风味变淡，含糖量降低，在相同栽培条件下套袋果较不套袋果可溶性固形物降低0.5%～0.7%；在有些地区部分套袋果发育不良，出现"疙瘩梨"现象；有些地区套袋果还出现了"黑点病"和入袋害虫(黄粉虫)危害加重现象。所有这些，均需针对具体问题，研究建立相适应的栽培技术体系，指导生产。

2. 果实套袋

（1）套袋时期　果实套袋宜在疏果后至果点锈斑出现前进行。河北中南部梨区多在5月上旬(盛花后30天左右)进行，即5月初开始，一般5月20日结束，最迟不得晚于5月底。套袋越早越好，套袋过晚，对改善果面颜色、控制果点和锈斑的效果欠佳。

（2）套袋种类　据多年实践经验认为，从纸袋对果实品质的影响、成本造价等方面综合考虑，生产上必须选好袋。总的指导思想是提倡套三层袋，推广普及优质双层袋，去除或杜绝使用单层黑纸袋，有条件的也可选用防虫纸袋。'鸭梨'袋要选择里白外花中间黑三层袋或里黑外花双层袋，黑纸最好选用45～55g的优质纸制作。纸质地要均匀并且"有拉力、泡不烂、不掉色、遮光线"。外层纸要求抗风吹雨淋，耐雨水冲刷，纸袋的大小应根据不同品种梨果大小选择购买适宜型号的果袋。淘汰小个果。

（3）套袋方法　选果个大，果型端正，无病虫、无冻害的优质果进行套袋。选定梨果后，先撑开袋口，托起袋底，使两底角的通气放水口张开，令袋体膨胀，手执袋口下 2～3cm 处，套上果实从中间向两侧依次按"折扇"的方式折叠袋口，然后于袋口下方 1.5cm 处绑紧。果实袋应捆绑在果柄上部，使梨果在袋内悬空，以防日烧或椿象危害，并防止袋体摩擦果面形成锈斑。绑口时要捏严扎紧，切忌不可把袋口绑成喇叭状，以防黄粉虫、康氏粉蚧进袋危害或喷药时药液流入袋内造成果面污染和药害。

3. 果实套袋的配套技术

果实套袋是综合栽培技术中的一个重要环节，只有与配套的技术协同实施才能收到预期效果。此外，全树实施果实套袋后，果实发育的微域环境、树冠内的通风透光条件均会发生一定的改变。因此，建立、推广套袋栽培的配套技术很有必要。

（1）整形修剪　重点控制树高、减少枝叶量、建造通风透光良好的树体结构。幼龄园树体控制在 3.0～3.5m，成龄大树经树体改造树高降至 3.5m 左右，在修剪调整中应有意加大叶幕层间距。

（2）施肥　由于果实套袋后含糖量降低，且易引起果实缺硼，对此，建立科学合理的施肥制度很重要。河北农业大学'鸭梨'课题组经多年试验研究证明，依据叶片营养诊断指导平衡施肥结合叶面喷肥技术，可有效地防止果实缺素症，并使产量连年维持在 3000kg/ 亩，果实可溶性固形物达 12% 以上。具体做法是：依据叶片营养诊断结果，研制出配方肥料，于花后两周一次性施入土壤；在果实发育的中后期喷布叶面肥，每隔 10～15 天一次，连喷 3～4 次。

（3）预防病虫害　首先，对于入袋害虫多发区，应抓住关键时期于早春（2月底）、花前（花芽鳞片脱落时）和花后（80% 花瓣脱落时）喷药，降低虫口和病菌基数。其次，套袋前喷药。为防止某些害虫或病菌被套入袋内，应在套袋前细致周到地喷一次防病杀虫药，重点防治黄粉虫、康氏粉蚧、轮纹病、黑星病等。药液干后即可套袋，若树多工作量大，喷药后7～10天仍完不成任务的或套袋期间遇较大降雨时，应对未套袋树补喷一次。在套袋前喷药时，不可加尿素或喷代森锰锌等易使果面发生伤害的药剂。

4.注意事项

①适当留果。一般每果需要有25片叶提供营养。②疏果完毕后应立即套袋，并应在5月底完成。③套袋前应细致喷杀虫剂和杀菌剂，以防治病虫。套袋后应防止椿象叮咬。④选长势壮的盛果前期树和中等树冠的盛果期树套袋。树冠外围中下部的果宜多套，树冠上部和内膛的果少套或不套；侧生结果枝组上的果多套，背上直立枝组上的果少套。⑤袋口应紧扎在果柄基部(但不应伤及果柄)，防止被风吹掉或害虫钻入。果实采收时可将果与袋一起采下，装箱时，再把袋去掉。⑥梨园套袋时需按片有序进行，便于安排喷药防病虫。先套树上部果，再套下部果，先将手伸进袋口中，使全袋膨起，再行套袋。袋绑在果枝上，以防大风吹落纸袋，每花序套一果，一果一袋，不可两果一袋。

第二节　生长调节剂的应用

一、生长调节剂的概念

天然植物激素称为植物内源激素，是指植物体内天然存在的对植物生长、发育有显著作用的微量有机物。它的存在可影响和调控植物的生长和发育，包括从细胞生长、分裂，到生根、发芽、开花、结果、成熟和脱落等一系列植物生命全过程。植物生长调节剂则称为外源激素，是人们在了解天然植物激素的结构和作用机理后，通过人工合成的与天热植物激素具有类似生理和生物学效应的物质。在农业上使用，以有效调节作物的生育过程，达到稳产增产、改善品质，增强作物抗逆性等目的。两者在化学结构上可以相同，也可能有很大不同，不过其生理和生物学效应基本相同。有些植物生长调节剂本身就是植物激素。

二、植物生长调节剂的种类

目前公认的植物激素有生长素、赤霉素、乙烯、细胞分裂素和脱落酸五大类。油菜素内酯、多胺、水杨酸和茉莉酸等也具有激素性质，故有的人将植物激素划分为为九大类。而植物生长调节剂在园艺作物上应用的就达40种以上。如植物生长促进剂有赤霉素、萘乙酸、吲哚乙酸、吲哚丁酸、2,4-D 丁酯、防落素、6-苄基氨基嘌呤、激动素、乙烯利、油菜素内酯、三十烷醇、ABT增产灵、西维因等；植物生长抑制剂有脱落酸、表鲜素、三碘苯甲酸、增甘膦等；植物生长延缓剂有多效唑、矮壮素、PBO、调节膦、烯效唑等。

三、生长调解剂的作用原理

活化基因表达，改变细胞壁特性使之疏松来诱导细胞生长；诱导酶的活性，促进或抑制核酸和蛋白质形成；改变某些代谢途径，促进或抑制细胞分裂和伸长；诱导抗病基因表达。促进细胞伸长、分裂和分化，促进茎的生长；促进发根和不定根的形成；诱导花芽形成，促进坐果和果实肥大，促进愈伤组织分化；促进顶端优势，抑制侧芽生长。

打破休眠，促进发芽；抑制横向生长，促进纵向生长促进花芽形成；诱导单性结实。

阻止茎的伸长生长；增加呼吸酶和细胞壁分解酶活性；促进果实成熟、落叶、落果和衰老；打破休眠，促进花芽形成和发根；诱导抗病基因表达。

促进休眠，阻止发芽；促进落叶、落果、形成离层和老化；促进气孔关闭；抑制α-淀粉酶形成；促进乙烯形成。

四、生长调解剂在梨树上的应用

（1）抑制生长和促进花芽形成　矮壮素(CCC)对梨树有较强的抑制作用，在梨树新梢旺长期喷500倍液，枝长为对照的1/3～1/2，树冠为对照的60%，提高坐果率20%～50%。多效唑500倍液和B_9 800倍液对苹果梨树地上部进行喷施(6月上旬和下旬各1次)，对幼树有一定的抑制作用，单株生长量分别为对照的55%和57%。

应用B_9、矮壮素和多效唑都可增加梨树的花芽量，并增加1年生枝上的腋花芽。延边朝鲜族自治州农业科学研究院应用多效唑和B_9对3年生苹果梨树进行喷施后，花芽分化数分别比对照增加了241%和218%。

（2）疏花疏果　中国农业大学用萘乙酸钠(NaNAA)400mg/kg溶液于盛花期喷'鸭梨'有较好的疏果效果；辽宁果树科学研究所用西维因15mg/kg溶液于盛花后7天喷施或用乙烯利（CEPA）400mg/kg于花蕾现红起到盛花期之间，都有良好效果，疏除量接近应疏标准，果大品质好，无不良反应。河北农业大学研究认为，在'鸭梨'盛花期喷萘乙酸(NAA)20mg/kg溶液疏果效果达到人工疏果水平；用0.5波美度石硫合剂于盛花期喷或0.3波美度石硫合剂于初花期喷或用乙烯利(CEPA)溶液、西维因15mg/kg溶液于盛花后两周喷，疏除效果好。注意壮树多喷，弱树少喷；外围多喷，内膛少喷。

（3）促进果实增大和成熟　据报道，盛花后35天左右用20mg/kg液乙烯利(CEPA)喷布叶面，可促进梨果实增大并提早成熟。采前18～25天喷乙烯利150mg/kg液，可使早酥梨提早7～10天采收。

五、应用调解剂应注意的问题

梨树品种、生长势和环境条件差异较大,对生长调节剂的不同浓度反应也各不相同,所以在大量应用前要做预备试验,以免发生药害或效果不显著。

不论溶于水还是溶于乙醇的都必须将计算出的用量放进较小的容器内,先溶解,然后再稀释至所需要的量,并要随用随配,以免失效。

喷药时间最好在晴天傍晚前进行。不要在下雨前或烈日下进行,以免改变药液浓度,降低药效或发生药害。

为了增强药效,可在稀释好的药液中加入少量的展着剂,如西维因可加入 0.2% 的豆浆做展着剂。

有的生长调节剂可以与一些农药混合使用,如萘乙酸可与波尔多液及石硫合剂混用,而有的遇酸或碱会分解失效,如 B_9 和 GA 与碱性药液混合易失效,同时,B_9 不能与铜器或铜制剂接触,喷波尔多液与喷 B_9 的时间最少相隔 5 天。

第三节 果实采收贮藏

一、采收

果实采收是果园管理的重要环节,如果采收不当,不仅减产,而且影响果实的耐贮性和品质。

(一)采收时期

梨果实的成熟度分为可采成熟度、食用成熟度和生理成熟度三种。①可采成熟度是指果实接近完成生长发育过程,果实的大小、重量基本定型，以后再无明显增长。此时果实内物质的积累过程基本完成，果皮颜色开始由绿转黄但仍以绿色为主，食用品质较差但耐贮性强。这种果实在贮藏过程中，随内部物质的继续转化，可表现出'鸭梨'固有的外观特征和内在的风味品质。用做中长期贮藏的果实可在此时采收。②食用成熟度是指果实已表现出梨固有的外观特征和内在风味品质，果皮颜色明显变黄，食用品质达到最佳，但耐贮性开始降低。用于直接销售或作短期贮藏的果实可在此时采收。③生理成熟度是指果实在生理上已充分成熟。种子已经变为深褐色，果皮颜色全部变黄。此时的果实已经进入生理衰老阶段，品质开始下降，不适于贮藏和销售。这时，树上的果实易自然脱落。

果实的成熟过程是不可逆转的，一旦超过采摘要求的成熟度，就会造成无法挽回的损失。因此，生产和经营中需要根据果实的用途，准确判断果实的最佳采收成熟度，做到及时采收。

正确的采收时期要依据果树种类、品种的特点、果实成熟前的变化特征来决定。例如，梨果实较耐贮运，可接近充分成熟时采收，尤其是晚熟品种更不宜过早地采收。此外，应根据果实的具体用途来确定采收期。采收后随即供给当地市场消费者，可在接近充分成熟时采收。如运往外地，可适当提早采收。留作贮藏的梨，应接近充分成熟时采收。

判断果实成熟度，主要根据果皮的色泽、果肉硬度、含糖量、风味、果实脱落的难易程度、种子是否变色以及果实生长日数等。

（二）采收方法

采收是一项时效性很强的工作，根据不同用途，必须在梨品质最佳时间完成采摘工作。否则会使果实成熟度增加失去经济价值，造成经济损失。采收前需要做好采摘准备。

1. 采收前的准备

梨采收常与秋收种麦相重叠，应事先有所准备，安排好劳动力。

对于参加采收的人员，尤其是来自非梨产区的人员，应针对梨果实的特点、采摘方法和注意事项进行必要的培训，以保证采收质量和采收效率。采收用具和运输工具应做好准备和安排，如采果篮、采果用梯、凳、包装用品及运输用的车辆等。

2. 采果方法和注意事项

梨果实含水量高，皮薄肉软，采收时稍不注意极易造成压碰伤、扎伤等机械伤害，降低果品的质量，甚至造成大量果实腐烂。所以在采摘和运输过程中，以尽量减少机械伤害为中心，严格规范每个采收的操作程序。

采收人员在采收前必须剪短指甲，以免划伤果皮；同时应穿紧身衣服，以减少对树体损伤和碰落果实。果篮要坚挺不易变形，内衬柔软的海绵、布或纸等物。采果袋因容易使袋内梨果挤伤或擦伤，不宜使用。

采摘方法是以手握果实，以指按果柄，将果实扭向一方或向上托，使果柄处与结果枝分离。采下的果实要轻轻放入筐内，不要来回倒筐，避免碰伤果实。切不可强拉硬扯，以免造成无柄果和拉伤果。无柄果不仅不符合商品要求，同时也会因断柄伤口极易引起果实腐烂。采下的梨果不应带有果台以免刺伤其他果实。需要特别注意的是，'鸭梨'的果柄与"鸭突"之间极易断裂而形成细小的裂口，常常由此造成果实在贮运过程中腐烂。所以，采收过程中应细心保护。采下的果实要轻轻放入果篮，从果篮移入果箱时要逐个捡拾，且不可图快而整篮倾倒，以免损伤果实。'鸭梨'的果柄较粗且长，容易相互刺伤或碰伤，摆放时应多加注意。

采果时宜多用梯、凳而少上树，并按照"先采外围果后采内膛果，先采下部果，后采上部果"的顺序依次采摘，尽量减少对树体的伤害和碰落果实，注意保护树枝和花芽。

采果的适宜时间为早晨露水消失以后至傍晚下露之前。果面上有露水时果实膨压较大，果皮和果肉较脆，容易遭受机械损伤，露水流入伤口，容易造成果实腐烂。同时，最好避开中午高温时间采摘。因为中午前后气温和果实温度都较高，采下的果实堆放在一起不易散热，对贮藏不利。

对于已达到适宜采收期的梨园，应在短时间内采收完毕。如不能一次采收完毕，可先采外围和上部成熟早的果实，后采内膛和下部成熟较晚的果实。

二、分级与包装

（一）分级

1. 目的和意义

分级的主要目的是使商品标准化。由于树体的生长环境，栽培管理方式不同，以及果实在树体上着生位置不同等因素影响，使得果实个体间有一定差异。只有通过分级，才便于以质论价，同时也便于包装、销售、运输及贮藏。分级过程中剔除的残次果、病虫果可就地及时销售或加工处理，避免运输、贮藏中的损失和浪费。

分级是连接梨生产者、消费者和经营者三方利益的重要纽带。合理的分级能促进消费、刺激生产，经营者也从中获得较大利润。

2. 分级标准

为了提高果实的商品价值，便于实行优质优价、劣级低价销售，果实采下后必须进行分级。分级的标准主要以果实的成熟度、大小、色泽、形状，病虫害及各种机械损伤程度而定。中国由于不同梨区主栽品种不同，无统一的分级标准。河北魏县制定了'鸭梨'果实分级标准(地方标准见表9-1，表9-2)。分级时均采用人工分级，按单果重或果实大小进行。

表 9-1 魏县'鸭梨'外观质量等级指标

项目		特等	一等	二等
单果指标	品质基本要求	果实必须完整良好，新鲜洁净，无病虫害，果实充分发育，具有适于市场销售或贮存要求的成熟度		
	果形	果形端正，果梗完整，具有魏县'鸭梨'应有的典型特征		
	色泽	具有本品种成熟时应有的黄绿色，套袋'鸭梨'应具有套袋果实应有的色泽		
	单果重（g）	≥225	≥200	
	果面缺陷 碰压伤	不允许		
	破皮划伤	不允许		
	磨伤	不允许	允许轻微磨伤，面积不超过 1cm²	允许轻微磨伤，面积不超过 2cm²
	果锈、药害	允许轻微果锈、药害，面积不超过 1cm²	允许轻微果锈、药害，面积不超过 2cm²	允许轻微果锈、药害，面积不超过 3cm²
	日灼	不允许		
	雹伤	不允许		
	虫伤	不允许		
	病害	不允许		
	食心虫果	不允许		
	裂果	不允许		
单位包装指标	色泽	均匀一致		基本一致
	成熟度	一致		基本一致
	串等果	允许有不超过 2% 一等果，不得有一等以下果	允许有不超过 3% 二等果，不得混入等外果	允许有不超过 5% 等外果，且不得有碰伤、异味、开裂未愈合及病虫果
	果实整齐度	果实大小整齐，不符合单果重量区间范围的果实个数不得超过 4%	不符合单果重量区间范围的果实个数不得超过 6%	不符合单果重量区间范围的果实个数不得超过 8%

（续）

项目		特等	一等	二等
单位包装指标	开箱腐烂率	允许有不影响食用品质的生理病害，腐烂果实个数不超过2%	允许有不影响食用品质的生理病害，腐烂果实个数不超过3%	允许有不影响食用品质的生理病害，腐烂果实个数不超过5%

表9-2 魏县'鸭梨'重量级别指标

重量级别	平均单果重（g）	重量区间（g）
60#	300	275~349
72#	250	238~274
80#	225	200~237

（二）包装

果实包装物主要有箱类和筐类两种。包装物必须坚固、洁净、干燥、无异味，封盖、捆扎、堆码必须牢固坚实。外销果品须严格按照标准检疫、选择、分级，逐个用纸或包装套包好，装入有分格分层的木箱或纸箱内，每箱重15kg或20kg。内销多用水果筐和纸箱，每件25kg或30kg。

随着商品经济的发展，对商品的包装要求也越来越高。既要反映商品的内在质量，又要使外观对消费者具有更大的吸引力。梨果目前多用纸箱装，箱面印有产地、规格、品种、等级、毛重、净重、包装日期以及分级包装检验人员，标签字迹清楚，不易脱落或褪色。包装是对梨果的保护措施，使之在运输、销售、贮藏过程中免受损伤和腐烂损失。内包装材料要求柔软而韧性强、无毒、无味，最好带有防病、保鲜功能，而且要成本低廉。内销梨多用光面薄纸，出口梨用塑料网套。外包装材料要求轻便、美观、耐压力强。最好体现出被包装物的特征。目前用于运输和贮藏的外包装多用纸箱。为保证梨果完好无损，要求纸箱轻便而坚固，能承受运输过程和贮藏中搬动、码垛的压力和温湿度变化的影响。每箱重量一般为 15～20kg。销售上市的梨果也要求相应的包装，特别是高质量的产品，要求给以装潢，使之更具吸引力。如带有图案商标的精制小包装袋，既能保鲜，又便于携带，还可以作为礼品馈赠亲友。

上述包装形式均属"定重又定数"的装果方式，箱体及板格、凹穴均是按一定等级果实的大小标准严格设计。装果时，不可装入过大或过小的果实，否则容易造成挤压或因果实滚动而擦伤。对于果柄长的果实，在常规包装装箱时还应注意果柄的方向和位置（以免刺伤或硌伤果实）。为改进包装，尤其是为适应采后自动化处理，未来的趋势是剪去果柄，对剪口进行消毒灭菌并打蜡保护。

三、贮藏保鲜

梨果成熟收获的季节性很强，为满足市场对新鲜果品的周年供应，必须进行贮藏保鲜。为达到良好的贮藏保鲜效果，应根据果实的贮藏特性，采取相应的措施和适宜的环境条件，进行科学管理。

（1）冷库贮藏　冷库贮藏是一种较先进的贮藏方式，采用机械制冷，库房具有较强的隔热保温性能，可随意控制贮藏温度，不受季节限制，能较好满足果品对低温的要求，而且具贮期长、损耗少、黑心率低等优点。但必须根据果实的贮藏特性，加强科学管理，才能取得预期效果。

梨可进行冷库贮藏。在冷库贮藏过程中要注意冷害的发生。梨采后不能像苹果那样直接入 0℃ 冷藏。否则，梨黑心严重。一般在 10℃ 以上入库，每周降低 1℃，降至 7～8℃ 以后再每 3 天降低 1℃，直至降到 0℃ 左右。这一段时间需要 30～50 天。早采早入库的果实降温速度应慢些，晚采晚入库的果实可适当快些；生长期套袋的果实降温速度可快些，贮藏期内要尽量保持库温相对稳定，使温度上下波动范围控制在0.5℃以内。

（2）气调贮藏　所谓气调贮藏，就是在一定的低温条件下，对贮藏环境中的气体成分加以调节控制，以获得比单纯低温更好的贮藏效果。

在冷藏条件下，要结合气调贮藏。气调贮藏可用气调帐或塑料薄膜小包装进行，特别要注意的是，'鸭梨''莱阳梨''长把梨''雪花梨'在较低浓度的二氧化碳下就会发生中毒现象，表现症状是果肉、果心变褐。因此要采取二氧化碳小于1%或无二氧化碳的贮藏方法，可以通过在帐或袋中加入适量的脱氧剂、活性炭、吸附剂、氢氧化钙生石灰或经常放风的方法来解决。

气调贮藏可以推迟梨果肉、果心的变褐，推迟褪绿，保持梨的脆性和风味。气调贮藏除了可采用气调帐和塑料袋小包装的简易气调贮藏外，还可利用气调库、气调机进行贮藏。

第十章
梨树主要病虫害防治技术

CHAPTER 10

我国梨病害有40多种，但危害严重的有10种左右，黑星病在梨病害中居首位，尤其在种植有白梨系等高感病品种的梨区常造成重大损失。腐烂病和干腐病在北方发生较重，以西洋梨系最重，常造成枯枝死树。轮纹病不仅危害枝干和果实，也会引起贮藏期大量烂果。黑斑病、褐斑病是梨树两种主要叶部病害，发生也比较普遍，以高温高湿多的年份发生较重。白粉病近年来有加重趋势，已成为梨区的主要病害。梨炭疽病和白纹羽病原为梨树的次要病害，目前已逐渐上升为一些梨产区的重发病害。随着自然灾害的频发，冻害的发生概率加大，危害程度变强，应引起高度重视，加以提前预防。

我国梨树虫害有100余种，发生普遍且危害较重的有20多种。梨木虱是梨区重要的害虫，也是重点防治的害虫。危害果实的有梨小食心虫、绿盲蝽等，一般出现在管理粗放、施药较少的果园；食叶性的梨星毛虫、刺蛾类等毛虫和金龟子类害虫发生比较普遍，一般出现在管理较好、施药较多的果园；同时危害果实和食叶的害虫则少见，但螨类、蚜虫类、介壳虫类、梨瘿华蛾等危害较重；枝干类害虫主要有梨潜皮蛾、金缘吉丁虫等发生普遍；专食性的梨茎蜂、梨梢华蛾在局部地区常有发生。近年来套袋栽培的梨园，康氏粉蚧、黄粉虫危害也较为严重。

梨病虫害综合防治的原则是：以物理和农业防治为基础，提倡生物防治，依据病虫害的发生规律和经济阈值，科学使用化学防治技术，最大限度地减轻对生态环境的污染和对自然天敌的伤害，将病虫害造成的损失控制在经济允许水平之内。

第一节 病害

一、黑星病

1. 病原

黑星病菌（*Venturia pirina* Aderh.），属子囊菌亚门真菌；无性阶段为黑星病孢，属半知菌亚门真菌。病斑表面的黑色霉状物即为病菌无性阶段的分生孢子梗和分生孢子。

2. 发病症状

又称疮痂病，是梨树上的重要病害之一。可侵染危害梨树所有绿色幼嫩组织，以叶片、果实和新梢为主。发病后的主要症状是：病斑表面产生墨绿色至黑色霉状物。叶片受害，多数先在叶片背面产生墨绿至黑色星芒型霉状物，正面相对应处逐渐出现边缘不明显的淡黄色病斑，后期病斑变褐枯死，严重时造成早期落叶；叶柄受害，形成黑色椭圆形或长条形病斑，稍凹陷，表面产生黑色霉层，易造成叶片变红，甚至脱落；幼果受害，初为淡黄色近圆形斑点，后表面逐渐产生墨绿色至黑色霉层，严重时整个花序、幼果大部分受害，导致早期落果；果实膨大期受害，形成圆形或近圆形黑斑，果实受害病斑凹陷、开裂，果肉木栓化出现"青疔"，失去商品价值；芽受害，病芽鳞片产生黑斑，在一个枝条上，亚顶芽易受害，多为叶芽，花芽极少受害；新梢受害，从下至上逐渐产生黑色霉层，后整个新梢布满黑霉，俗称"乌码"。

3. 发病规律

（1）病菌的越冬具有3种形式　一是以菌丝在病芽内越冬；二是以菌丝体和未成熟的子囊壳在病落叶上越冬；三是以分生孢子在病落叶上越冬。病梢上产生的分生孢子，主要借风雨传播进行侵染危害，越冬后产生的子囊孢子，主要借气流传播进行侵染危害。在叶片上主要从气孔侵入，在果实上主要从皮孔侵入，也可直接侵入。有多次再侵染，流行性很强。叶片受害以嫩叶为主，展叶30天后基本不再受害，果实整个生长期均可受害，果实越接近成熟越易侵染发病。

（2）影响条件　在不考虑越冬菌源的情况下，该病发生轻重与降水量关系非常密切，尤其是幼果期的降水。相同条件下，密植果园、郁闭果园、低洼潮湿果园往往发病较重。前期幼果、新梢发病率是决定当年该病发生轻重的重要因素之一。

（3）发病高峰　一是落花后至果实膨大初期；二是采收前30～45天。

4. 防治技术

（1）农业及物理防治，搞好果园卫生　主要抓好3个环节。①落叶后至发芽前彻底清理树上胶、树下落叶，集中深埋或烧毁，并在发芽前翻耕树盘，促进残余病菌死亡。②萌芽后开花前（花序呈铃铛球期）喷洒1次内吸治疗性药剂，杀死芽内潜伏病菌。③在病梢形成期内，7天左右巡查1次，发现病梢立即剪除烧毁或深埋。

（2）生长期化学防治　及时用药和选用有效药剂是保证防治效果的关键，坚持"抓两头"的原则，即落花后至果实膨大初期（麦收前）和采收前45天。①落花后至果实膨大初期（麦收前），控制初侵染，一般喷药3～4次。②采收前45天，一般喷药3～4次，主要是防止果实受害，不套袋果尤为重要，不套袋果采收前7～10天必须喷药1次。③两段时间中间，还需喷药1～2次。

（3）实施果实套袋　果实套袋不仅可以提高果品质量、降低农药残留，还可以防止病菌侵害果实，减少中后期用药次数。

5. 推荐药剂

（1）内吸治疗性杀菌剂　10%苯醚甲环唑水分散粒剂3000～4000倍液、25%苯醚甲环唑乳油6000～8000倍液（幼果慎用）、40%腈菌唑可湿性粉剂6000～8000倍液、12.5%烯唑醇可湿性粉剂1500～2000倍、40%氟硅唑乳油7000～8000倍（幼果慎用）、430g/L戊唑醇悬浮剂3000～4000倍、12%腈菌唑乳油2000～2500倍液（幼果慎用）、25%腈菌唑乳油3000～4000倍液（幼果慎用）、30%戊唑·多菌灵悬浮剂800～1000倍、41%甲硫·戊唑醇悬浮剂800～1000倍、70%甲基硫菌灵可湿性粉剂800～1000倍、500g/L甲基硫菌灵悬浮剂800～1000倍。

（2）保护性杀菌剂　80%代森锰锌（全络合态）可湿性粉剂800～1000倍、50%克菌丹可湿性粉剂600～800倍、70%丙森锌可湿性粉剂600～800倍（幼果慎用）、70%代森锰锌可湿性粉剂1000～1200倍（幼果慎用）、77%硫酸铜钙可湿性粉剂800～1000倍（幼果慎用）、1∶2∶200波尔多液（幼果期及采收前不宜使用）。

二、腐烂病

1. 病原

梨黑腐皮壳属子囊菌亚门真菌。无性阶段为梨壳囊孢，属半知菌亚门真菌。

2. 发病症状

又称烂皮病。主要危害树的主枝、侧枝，有时也危害主干及细小枝。发病后的主要症状：受害部位皮层呈褐色腐烂，有酒糟味，后期病斑干缩甚至龟裂，表面散生许多小黑点，潮湿环境时小黑点可溢出黄色丝状物，可分为溃疡型和枝枯型。溃疡型，多发生在主干、主枝及较大的枝上，初期病斑椭圆形或不规则形，稍隆起，红褐色至暗褐色，皮层组织松软，呈水渍状湿腐，有时可渗出红褐色汁液。连年扩展可形成近轮纹状坏死斑，病组织较硬，严重时，皮层全部腐烂，有浓烈酒糟味，病斑上部叶片变黄、变红，甚至枯死；枝枯型，多发生在衰弱树或小枝上，病斑边缘清晰或不明显，扩展迅速，造成上部枝条枯死，病皮表面也可密生小黑点，潮湿环境时其上也可溢出黄色丝状物。

3. 发病规律

主要以菌丝体、分生孢子器或在树干病斑内越冬，也可以菌丝体潜伏在伤口、翘皮层、皮下干斑内越冬。通过风雨、流水及昆虫传播，经伤口侵染危害。

该病有潜伏的特点，当树势衰弱或周围有死亡组织时，才容易扩展发病。有春（3～4月）、秋（8～9月）2个危害高峰期，以春季高峰发病危害较重；有两个相对静止期，5～7月的静止期病菌基本停止生长，而10月至翌年2月的静止期实际上病菌缓慢扩展。春腐烂、夏侵染、秋扩散、冬伏潜。

树势衰弱是导致病害严重的主要条件，一切造成树势衰弱的因素均可加重该病的发生，尤其是冻害影响最大。品种间抗性具有很大差异，秋子梨系很少发病，白梨及沙梨系发病较轻，西洋梨系发病较重。

4. 防治技术

以壮树防病为核心，一切可以增强树势的措施均具有预防和控制腐烂病发生的作用。以保护伤口与铲除树体带菌为基础，及时治疗感病品种与衰弱树上的病斑为辅助。

（1）加强果园管理，壮树防病　增施有机肥，科学施肥、合理灌水，雨季注意排水，科学调整结果量，促使树体健壮，提高树体抗病能力。合理修剪，尽量减少伤口，较大剪口、锯口涂抹保护剂，促进伤口愈合，防止病菌侵染。主要有70%甲基硫菌灵可湿性粉剂:植物油＝1:20～25，2.12%腐殖酸铜水剂、3%甲基硫菌灵糊剂等。

（2）搞好果园卫生，铲除树体病菌　①萌芽前刮除枝干表面的粗皮、老翘皮等，清理病菌越冬场所。②芽萌动初期喷施铲除性药剂，主要有30%戊唑·多菌灵悬浮剂400～600倍、60%铜钙·多菌灵可湿性粉剂300～400倍、77%硫酸铜钙可湿性粉剂300～400倍、45%代森铵水剂200～300倍等。③生长期涂药。在7～9月使用铲除性药剂涂抹或定向喷洒主干、主枝，主要有30%戊唑·多菌灵悬浮剂100～200倍、77%硫酸铜钙可湿性粉剂100～200倍、3%甲基硫菌灵糊剂等。

（3）及时治疗病斑　①较浅病斑可用划条涂药的方法，用刀在病斑上纵向划条，疤皮层划透，刀距0.5cm，涂抹渗透性较强的药剂，主要有甲托油膏、21%过氧乙酸水剂3～5倍、3%甲基硫菌灵糊剂、30%戊唑·多菌灵50～100倍等。②溃烂至木质部的病斑彻底刮治干净后涂药保护伤口，主要有甲托油膏、腐殖酸铜、过氧乙酸、30%戊唑·多菌灵50～100倍、40%甲硫·戊唑醇50～100倍、1.8%辛菌胺醋酸盐水剂20～30倍等。

（4）其他措施　①树干涂白。生石灰12kg+石硫合剂原液2kg+食盐2kg+水36kg。②加强造成早期落叶的病虫害防治。③生长中后期喷药时，适当混加0.3%尿素及0.3%磷酸二氢钾溶液，增加树体营养。④病斑治疗后，及时桥接，促进树势恢复。

三、轮纹病

1. 病原

贝伦格葡萄座腔菌，属子囊菌亚门真菌；无性阶段为轮纹大茎点霉，属半知菌亚门真菌。病斑表面的小黑点为病菌的分生孢子器，灰白色黏液为分生孢子黏液。

2. 发病症状

又称粗皮病、轮纹烂果病。主要危害枝干与果实，有时也危害叶片。枝干受害，初期以皮孔为中心呈瘤状突起，随病斑扩大逐渐形成近圆形坏死斑，灰褐色至暗褐色，坏死斑中部凹陷，边缘开裂翘起呈马鞍状，连年扩展形成以皮孔为中心的轮纹状病斑，俗称"粗皮病"，病斑上的小黑点，潮湿时可溢出灰白色黏液，病斑深入皮层内部，造成树势严重衰弱，甚至枝干死亡；果实受害，多在采收前后发病，初期病斑以皮孔为中心形成近圆形水渍状褐色小斑点，扩大后病斑表面呈颜色深浅交错的同心轮纹状，病组织呈淡褐色软腐，并可直达果心，有时表面伤口处可溢出淡褐色汁液，于套袋果或贮藏期发病，病斑表面可产生灰白色菌丝层；叶片受害，叶片很少受害，多从叶缘发病，近圆形或不规则形，有明显轮纹，初期褐色，渐变为灰褐色至灰白色，严重时病叶干枯脱落。

3. 发病规律

主要以菌丝体和分生孢子器或在枝干病斑上越冬，在病组织中可存活 4～5 年甚至更长。通过雨水飞溅或流淌进行传播，从皮孔侵染枝干及果实。果实受害，从落花后 10 天左右开始，到皮孔封闭后结束，如果实有伤口，病菌还可从伤口侵染；病菌侵染枝干，在整个生长季节均可发生，以 7～8 月的雨季侵染较多。

病菌在果实上具有潜伏侵染的特性，幼果侵染的病菌到果实近成熟时才逐渐发病，采收前后为发病盛期。果实轮纹病病发生轻重与生长前期降雨状况关系密切，一般每次雨后均会形成一个病菌侵染高峰。降雨早、次数多、雨量大、雨日长病害发生较重。树势衰弱、果园内及周围枯死枝多，发病较重。

4. 防治技术

（1）搞好果园卫生，消灭越冬菌源　结合修剪，彻底剪除各种枯死枝。刮病斑后全园喷洒铲除性药剂，主要有 30% 戊唑·多菌灵悬浮剂 400～600 倍、41% 甲硫·戊唑醇悬浮剂 400～600 倍、60% 铜钙·多菌灵可湿性粉剂 300～400 倍、77% 硫酸铜钙可湿性粉剂

300~400倍、45%代森铵水剂200~300倍等。枝干轮纹病的果园可刮病斑后涂抹甲托油膏。

（2）加强果园管理　增施有机肥，按比例施用氮、磷、钾肥及中微量元素肥，合理负载，培强树势，实施果实套袋，以落花后30~45天内完成为好。

（3）及时喷药防治枝干病害　5月是防治轮纹枝干病害的关键期，于该月的第一场雨（以淋湿枝皮为标准），雨后及时用药防治，越早效果越好。

（4）化学防治　一般从落花后7~10天开始喷药，10~15天1次，连喷3次药后套袋。不套袋则喷药到果实皮孔封闭后结束。果实上色上糖期为防治关键期，喷药时间及次数应根据降雨情况决定，雨多多喷，雨少少喷，无雨不喷，尽量在雨前喷药（选用耐雨水冲刷药剂）。有效药剂有70%甲基硫菌灵可湿性粉剂800~1000倍、500g/L甲基硫菌灵悬浮剂800~1000倍、30%戊唑·多菌灵悬浮剂1000~1200倍、41%甲硫·戊唑醇悬浮剂800~1000倍、50%多菌灵可湿性粉剂600~800倍、500g/L多菌灵悬浮剂600~800倍、430g/L戊唑醇悬浮剂3000~4000倍、10%苯醚甲环唑水分散粒剂3000~4000倍液、90%三乙膦酸铝可湿性粉剂600~800倍、250g/L吡唑醚菌酯乳油2000~2500倍液、80%代森锰锌（全络合态）可湿性粉剂800~1000倍、50%克菌丹可湿性粉剂600~800倍、70%丙森锌可湿性粉剂600~800倍（幼果慎用）、1∶2∶200波尔多液（幼果期及采收前不宜使用）。

四、炭疽病

1. 病原

围小丛壳菌，属子囊菌亚门真菌；无性阶段为胶孢炭疽菌，属半知菌亚门真菌。病斑表面的小黑点为病菌的分生孢子盘，粉红色黏液为分生孢子黏液。

2. 发病症状

又称苦腐病,在梨树上主要危害果实,也可侵害枝条,有时还侵害叶片及叶柄。果实受害,从膨大期后期开始发病,初期在果面上产生褐色至黑褐色小斑点,有时斑点周围有绿色晕圈,稍凹陷,病斑扩大形成淡褐色至深褐色的腐烂病斑,表面平或凹陷,果内味苦,果面小黑点上溢出淡红色黏液,病组织呈褐色软烂,呈倒圆锥形向果心扩展;枝条受害,多发生在枯枝和生长衰弱的枝条上,初形成不明显的椭圆形或长条形病斑,后发展为深褐色溃疡斑,多雨潮湿时,病斑上可产生小黑点及粉红色黏液;叶片受害,多发生在生长中后期,初期在叶面上散生褐色至深褐色小点,后逐渐扩展成圆形或近圆形褐色至深褐色坏死斑,叶背面颜色较深;叶柄受害,初期病斑为椭圆形褐色斑点,扩大后形成长条形褐色至黑褐色病斑,稍凹陷,病叶极易变黄脱落。

3. 发病规律

主要以菌丝体在病枝条上及病僵果、病落叶中越冬,通过风雨传播,果实从皮孔或直接进行侵染,叶片上多从气孔进行侵染,枝条多从伤口侵入。在田间可多次再侵染,阴雨潮湿时流行性很强,采收期甚至贮运期的果实仍可受害。

该病有潜伏染的特性,落花后10天左右即可不断侵染果实,到果实膨大期逐渐开始发病。叶片及叶柄发病多发生在中后期。多雨潮湿、通风透光不良、果园湿度大是导致该病发生较重的主要环境条件,果园管理粗放、树势衰弱、虫害防治不及时等均可加重病害发生。

4. 防治技术

具体防治方法及用药可参考轮纹病。

五、黑斑病

1. 病原

菊池交链孢属半知菌亚门真菌，病斑表面的黑色霉状物即为病菌的分生孢子梗和分生孢子。

2. 发病症状

主要危害叶片和果实，有时也危害新梢。以日本梨系、苹果梨系、西洋梨系发生较重，中国梨系一般受害较轻。叶片受害，幼叶即可发病，初为小米粒大小的黑色斑点，扩大后为黑色圆形病斑，颜色较为均匀，正反面无明显差异，中期病斑圆形或近圆形，中部褐色，边缘黑褐色至黑色，后期病斑较大，近圆形或不规则，中部灰白色，边缘黑褐色，叶片凹凸不平，甚至破碎，严重时可造成落叶；叶柄受害，多成梭形或长椭圆形黑色病斑，稍凹陷，易造成叶片脱落。果实受害，主要发生在日韩梨系统品种上，初期在果面上产生一个至数个黑色圆形小斑点，逐渐发展成为近圆形或椭圆形黑斑，稍凹陷，后期明显凹陷，病健处常产生裂缝，病果多畸形、龟裂，裂缝可直达果心，近成熟果受害，形成黑褐色至黑色凹陷病斑，圆形或近圆形，表面可产生黑色霉状物。新梢受害，初为近圆形或椭圆形黑色病斑，稍凹陷，后期逐渐形成椭圆形或不规则形的明显凹陷黑斑，病健处常产生裂缝，病梢易折断或枯死。

3. 发病规律

主要以菌丝体和分生孢子在病叶上越冬，也可在病果及病梢上越冬。该病通过风雨传播，从气孔、皮孔入侵或直接染危害，在近成熟果上主要通过伤口侵染。叶片受害，以嫩叶最易感染，老叶抗病性强。该病潜育期短，病菌在田间可引起多次再侵染，多雨年份常导致大批叶片干枯、甚至早期落叶。高温、高湿利于病害的发生，地势低洼、氮肥过多、树势衰弱等因素均可加重该病的发生。

品种间抗性差异比较明显，日韩梨系统品种最易感病，西洋梨系次之，中国梨系较抗病。日本梨系统的品种中以'20世纪'发病最重，中国梨系统中，'雪花梨'发病较重，'砀山酥梨'也较感病，'鸭梨'比较抗病。

4. 防治技术

（1）搞好果园卫生，减少越冬菌源 落叶后至萌芽前，彻底清除果园内的落叶、落果，集中深埋或烧毁。萌芽前，全园喷施1次铲除性药剂，主要有30%戊唑·多菌灵悬浮剂400～600倍、41%甲硫·戊唑醇悬浮剂400～600倍、60%铜钙·多菌灵可湿性粉剂300～400倍、77%硫酸铜钙可湿性粉剂300～400倍、45%代森铵水剂200～300倍等。花序分离期全园喷5波美度石硫合剂。

（2）加强果园管理，壮树防病 增施有机肥，按比例施用氮、磷、钾肥及中微量元素肥。雨季注意果园排水，合理修剪，促使果园通风透光，合理负载，增强树势，实施果实套袋。

（3）化学防治 一般从落花后7～10天开始喷药，10～15天1次，连喷3～5次，喷药后套袋。雨季喷药是药剂防治的关键。有效药剂有10%多抗霉素可湿性粉剂1000～1500倍、1.5%多抗霉素可湿性粉剂300～400倍、50%异菌脲可湿性粉剂或45%悬浮剂1000～1500倍、30%戊唑·多菌灵悬浮剂1000～1200倍、41%甲硫·戊唑醇悬浮剂800～1000倍、430g/L戊唑醇悬浮剂3000～4000倍、10%苯醚甲环唑水分散粒剂3000～4000倍液、250g/L吡唑醚菌酯2000～2500倍液、80%代森锰锌（全络合态）可湿性粉剂800～1000倍、50%克菌丹可湿性粉剂600～800倍等。

六、套袋果黑点病

1. 病原

可由多种弱寄生性真菌引起，较常见的有粉红聚端孢霉和交链孢霉，均属于半知菌亚门丝孢纲菌孢目。

2. 发病症状

俗称"黑屁股"，是伴随着套袋技术的普及而产生的一种新病害，对果品质量影响很大，但不造成产量的实际损失。主要发生在套袋梨果上，偶尔也在不套袋梨果上发生，黑点多产生在萼洼处，有时也可在胴部及肩部出现，黑点由针尖大小至米粒大小不等，连片后呈黑褐色大斑。黑点局限在果实表皮，很难深入果肉内部，也不造成果实腐烂，只影响果实外观品质。

3. 发病规律

该病菌在自然界广泛存在，没有固定越冬场所。大量试验及防治研究证明，套袋前果实上即有病菌存在，套袋后在特殊生态环境下（高温、高湿、果皮幼嫩、轻微药伤害等）病菌有可能侵染果实形成病斑。此类病菌均为弱寄生性真菌，致病力很弱，只能形成坏死斑点，不能导致果实腐烂。轻微药害、虫害、缺钙均有可能刺激或加重该病的发生，果袋质量较次（透气性差）也可能诱发该病。

4. 防治技术

（1）做好清园工作　减少越冬菌源。落叶后至萌芽前，彻底清除果园内的落叶、落果，集中深埋或烧毁。花序分离期全园喷5波美度石硫合剂。

（2）生长期用药防治　抓好三个关键期：①落花70%～80%时，结合防治其他病虫用药防治。②套袋前喷药。在果实套袋前5～7天内，喷1次安全性能好的广谱杀菌剂，使果实带药套袋，防治病菌侵害果实。③果实第二次膨大期（6下旬至8月），结合雨水情况，加强用药防治。

（3）其他措施　①配合使用有机肥根部增施速效钙肥，套袋前喷施优质钙肥，加强危害果实的其他病虫害的防治。②选用耐水性强、透气性好、抗老化的优质果袋。药干后即套袋，若喷药后7天仍未套完的，需重新喷药再套袋。③套袋时先清理幼果萼洼内未脱落的花帽等残存物，清理干净后再套。

（4）推荐药剂　主要有① 30% 戊唑·多菌灵悬浮剂 800～1000 倍或 41% 甲硫·戊唑醇悬浮剂 800～1000 倍或 70% 甲基硫菌灵可湿性粉剂或 500g/L 甲基硫菌灵悬浮剂 800～1000 倍 +80% 代森锰锌（全络合态）可湿性粉剂 800～1000 倍。② 30% 戊唑·多菌灵悬浮剂 800～1000 倍或 70% 甲基硫菌灵可湿性粉剂或 500g/L 甲基硫菌灵悬浮剂 800～1000 倍 + 500% 克菌丹可湿性粉剂 600～800 倍或 90% 三乙膦酸铝可湿性粉剂 600～800 倍。③ 250g/L 吡唑醚菌酯 2000～2500 倍液 +50% 多菌灵可湿性粉剂 600～800 倍或 500% 克菌丹可湿性粉剂 600～800 倍或 10% 苯醚甲环唑水分散粒剂 3000～4000 倍液。

七、疫腐病

1. 病原

恶疫霉，属鞭毛菌亚门真菌，病部产生的白色绵毛状物即为病菌的菌丝体、孢囊梗及孢囊孢子。

2. 发病症状

又称黑胫病、干基湿腐病。在多雨潮湿果区和漫灌果园发生较多。主要危害树干基部和果实。树干基部受害，病部树皮呈淡褐色至黑褐色腐烂，水渍状，形状不规则，多危害树皮浅层，严重时可侵害至木质部，后期病部失水干缩凹陷，病健处产生裂缝，轻病树发芽晚、花期延迟、果实变小，叶片呈黄绿色或淡紫红色，似缺磷状，当病斑绕树干一周且树皮烂透后，枝叶萎蔫、焦枯、全树死亡。果实受害，多从近熟期开始发病，先在果面产生边缘不明显的淡褐色至褐色病斑，后扩大成淡红褐色至深褐色近圆形或不规则形，病斑由浅层果肉向深层发展，严重时全果腐烂，相对较硬，潮湿时病斑表面可产生许多白色绵状物。

3. 发病规律

病菌主要以卵孢子、厚垣孢子或菌丝体在病源组织内或随病残体在土壤中越冬。病菌生长发育温度为 10～30℃，最适宜温度为 25℃。

侵害树干，病菌主要通过雨水、灌溉水传播，从各种伤口侵染危害，如嫁接口、机械伤口、冻害伤、日灼伤等。侵害果实，通过雨滴飞溅传播至树冠下部果实上，从皮孔或伤口侵染危害，果实发病在田间可引起多次再侵染。地势低洼、土壤黏重、树干积水造成树干受害的主要条件。嫁接口接触土壤、树干基部冻伤、日灼伤、机械伤口均可诱发病害发生。果园郁闭、通风透光不良、地势低洼、果实近熟期阴雨潮湿等，是导致果实病害发生的主要因素。果实离地面越近受病菌侵害的概率越高。

4. 防治技术

（1）及时治疗病树　树干基部受害后，轻病树及时治疗。首先找到病部，刮除病组织，将病残体集中销毁，然后涂药包住伤口，可用 77% 硫酸铜钙可湿性粉剂 100～200 倍、90% 三乙膦酸铝可湿性粉剂 100～200 倍。也可用硫酸铜钙 400～500 倍液或三乙膦酸铝 300～400 倍液顺树干向下淋灌，同时可消毒树干周围土壤。

（2）加强果园管理　育苗时提倡高位嫁接，定植后树干基部培土或实施高垄栽培等，防止树干基部积水。合理修剪，实施果园生草，雨季注意排水，降低果园湿度，采取果实套袋，及时摘除树上病果，带到园外销毁，修剪适当提高结果部位。

（3）化学防治　往年果实受害较重的不套袋果园，从果实采收前 45 天开始喷药，10 天左右 1 次，连喷 2～3 次。要特别注意喷布树冠中下部及土壤表面。常用有效药剂 80% 代森锰锌（全络合态）可湿性粉剂 800～1000 倍、50% 克菌丹可湿性粉剂 600～800 倍、

77% 硫酸铜钙可湿性粉剂 1000～1200 倍、90% 三乙膦酸铝可湿性粉剂 600～800 倍、72% 霜脲·锰锌可湿性粉剂 600～800 倍、50% 烯酰吗啉可湿性粉剂 1500～2000 倍、69% 烯酰·锰锌可湿性粉剂 600～800 倍、85% 波尔·霜脲氰可湿性粉剂 1000～1200 倍、85% 波尔·甲霜灵可湿性粉剂 1000～1200 倍等。

八、白粉病

1. 病原

梨球针壳，属子囊菌亚门真菌；无性阶段为拟小卵孢，属于半知菌亚门核菌丝纲白粉菌目真菌。病斑表面的白粉状物即为病菌的菌丝体和无性阶段的分生孢子梗和分生孢子。

2. 发病症状

主要危害老叶片，近几年有逐年加重的趋势。多从树冠下部的老叶开始发病，逐渐向上蔓延，主要症状特点是叶片背面产生一层白粉状物。发病初期，在叶片背面产生圆形或不规则的白色粉斑，随病情发展病斑不断增多，使叶片背面布满白粉状物，白粉状物易被其他霉菌腐生，呈现黑褐色霉斑或霉层；后期在白粉状物上逐渐散生出许多初期黄色、渐变褐色、最后成黑色的小颗粒，与背面对应处的叶片正面变成黄绿色至黄色，边缘不明显，严重时，可造成早期落叶。

3. 发病规律

病菌主要以闭囊壳在落叶或附着在枝干表面越冬，也可在病果及病梢上越冬。

翌年夏季闭囊壳内散生出子囊孢子，通过气流或风雨传播，从叶片背面的气孔侵染叶片危害。初侵染发病后产生的分生孢子经气流传播后进行再次侵染，使病害不断扩散蔓延。一般果园从 7 月开始发病，8～9 月为发病盛期。后期多雨潮湿有利于该病害发生。果园郁闭、地势低洼、偏施氮肥、排水不及时等因素均可加重该病的发生。

4.防治技术

（1）萌芽期喷药　芽萌动时，全园喷施1次3～5波美度石硫合剂或45%石硫合剂晶体50～80倍液，杀灭枝干上的附着越冬病菌。

（2）加强果园管理　发芽前彻底清扫落叶，集中深埋或销毁，消灭病菌越冬场所。增施有机肥，按比例施用氮、磷、钾肥及中微量元素肥，中后期避免偏施氮肥。及时排水，科学修剪，使果园通风透光良好，合理负载，培强树势，实施果实套袋。

（3）化学防治　一般从病害发生初期或雨季到来前开始喷药，10天左右喷1次，连喷2～3次，重点喷叶片背面。效果较好的有效药剂有40%腈菌唑可湿性粉剂6000～8000倍、25%腈菌唑乳油3000～4000倍、430g/L戊唑醇悬浮剂3000～4000倍、12.5%烯唑醇可湿性粉剂2000～2500倍、10%苯醚甲环唑水分散粒剂3000～4000倍液、30%戊唑·多菌灵悬浮剂1000～1200倍、41%甲硫·戊唑醇悬浮剂800～1000倍、70%甲基硫菌灵可湿性粉剂或500g/L甲基硫菌灵悬浮剂800～1000倍、25%三唑酮可湿性粉剂1500～2000倍、40%氟硅唑乳油7000～8000倍、50%克菌丹可湿性粉剂600～800倍、80%硫黄水分散粒剂1000～1200倍、10%乙唑醇乳油3000～4000倍液等。

九、褐斑病

1.病原

梨球针腔菌，属子囊菌亚门真菌；无性阶段为梨生壳针孢，属于半知菌亚门真菌。病斑表面的小黑点即为病菌无性阶段的分生孢子器，内生子囊孢子。

2.发病症状

又称白星病、斑枯病。主要危害叶片，有时也危害叶柄，以南方梨区发生相对较重，严重果园可引起早期落叶。叶片受害，初期形成圆形或近圆形深褐色斑点，后扩展为中部灰白色、边缘褐色的近圆形病斑，后期病斑表面散生出多个小黑点，受害严重叶片，散布数十个病斑，相互混合成不规则白色大斑，有时病斑穿孔，严重时早期落叶；叶柄受害，形成褐色至深褐色长条形或长椭圆形病斑，稍凹陷，易造成叶片脱落。

3. 发病规律

病菌主要以分生孢子器和子囊座壳在病叶上越冬，翌春成为初侵染来源。翌春子囊孢子成熟、释放，与分生孢子一起成为初侵染来源。

病菌通过风雨传播到叶片进行侵染危害，从叶片背面的气孔侵染叶片危害。初侵染发病后产生的分生孢子，随风雨传播进行再次侵染，病害严重时侵染落叶。雨水早、湿度大时发病较重，树势衰弱、地势低洼、排水不良、管理粗放的果园发病较多。

4. 防治技术

（1）加强果园管理　发芽前彻底清扫落叶，集中深埋或销毁，消灭病菌越冬场所。增施有机肥，按比例施用氮、磷、钾肥及中微量元素肥，合理负载，培育健壮树，提高树体抗病能力；科学修剪，使果园通风透光良好，雨后及时排水，降低园内湿度，创造不利于病害发生的环境条件。

（2）化学防治　一般不需要单独防治，个别往年发病较重的果园，从病害发生初期开始喷药，10～15天喷1次，连喷2次即可有效控制该病的发生。效果较好的有效药剂有70%甲基硫菌灵可湿性粉剂或500g/L甲基硫菌灵悬浮剂800～1000倍、430g/L戊唑醇悬浮剂3000～4000倍、30%戊唑·多菌灵悬浮剂1000～1200倍、41%甲硫·戊唑醇悬浮剂800～1000倍、10%苯醚甲环唑水分散粒剂3000～4000倍液、25%苯醚甲环唑乳油7000～8000倍、50%多菌灵可湿性粉剂或500g/L悬浮剂800～1000倍、80%代森锰锌（全络合态）可湿性粉剂800～1000倍、50%克菌丹可湿性粉剂

600～800倍、70%丙森锌可湿性粉剂600～800倍、77%硫酸铜钙可湿性粉剂800～1000倍（套袋后喷施）、60%铜钙·多菌灵可湿性粉剂600～800倍液。

十、锈病

1. 病原

梨胶锈菌，属担子菌亚门冬孢菌纲锈菌目真菌。病斑表面的橙黄色或黑色小点为病菌的性子器。

2. 发病症状

又称赤星病，俗称"羊胡子"，属转主寄生性病害。主要危害叶片，也可危害果实、叶柄、果柄、嫩枝等幼嫩组织。发病后的主要症状是病部橙黄色，组织肥厚肿胀，先产生黄点，后期长出黄白色的长毛状物。叶片受害，先在叶片正面产生有光泽的橙黄色斑点，微隆起，扩大后呈近圆形橙黄色的肥厚病斑，外围有一黄绿色晕圈，病斑表面密生许多橘黄色小点，天气潮湿时，黄色小点上溢出橘黄色黏液，病组织增生肥厚明显，叶背面隆起，并产生许多灰黄色渐变灰褐色的毛状管状物，破裂可散发出大量黄褐色粉末，常造成叶片扭曲、畸形、变色，甚至脱落；叶柄受害，病斑呈纺锤形肿起；果实受害，症状同叶片上相似，只是后期在病斑周围丛生许多灰白色毛管状物，病果多畸形早落。

3. 发病规律

该病是一种转主寄生性病害，其转主寄主主要为圆柏，病菌以菌丝体或冬孢子角在转主寄主圆柏上越冬。

春季，该病通过气流传播到梨树的幼嫩组织上，从气孔或直接侵染危害，锈病在一年中只能发生1次，没有再侵染。该病能否发生，决定于梨园周围有无圆柏，发生轻重与春季降雨（梨树萌芽后30～40天内）关系密切。圆柏对梨树的有效影响距离一般为

2.5～5km，最远不超过 10km。在有转主寄主的前提下，春季多雨潮湿、雨量大、雨日多、锈病发生较重，天气干燥发生较轻。

4. 防治技术

（1）消灭和控制越冬菌源　梨园周围 5km 以内的圆柏可在梨树发芽时给圆柏等转主寄主喷药，杀灭越冬病菌，效果较好的药剂有 3～5 波美度石硫合剂、45% 石硫合剂晶体 40～60 倍、77% 硫酸铜钙可湿性粉剂 300～400 倍、1∶2∶160 波尔多液等。

（2）其他措施　尽量不要在风景绿化区内栽植梨，也不要在梨主产区内种植圆柏等锈病转主寄主植物，更不能在梨园周边繁育圆柏等转主寄主植物的绿化苗木。

（3）喷药保护梨树　在梨树发芽后开花前（铃铛球期）和落花后各喷药 1 次，即可有效控制该病的发生危害；往年发生严重的果园还需在落花后 15 天左右再喷药 1 次。常用有效药剂有 430g/L 戊唑醇悬浮剂 3000～4000 倍、10% 苯醚甲环唑水分散粒剂 3000～4000 倍液、40% 腈菌唑可湿性粉剂 7000～8000 倍、25% 腈菌唑乳油 3000～4000 倍、70% 甲基硫菌灵可湿性粉剂或 500g/L 甲基硫菌灵悬浮剂 800～1000 倍、30% 戊唑·多菌灵悬浮剂 1000～1200 倍、41% 甲硫·戊唑醇悬浮剂 800～1000 倍、25% 苯醚甲环唑乳油 7000～8000 倍（落花后慎用）、80% 代森锰锌（全络合态）可湿性粉剂 800～1000 倍、12.5% 烯唑醇可湿性粉剂 2000～2500 倍液等。

（4）喷药保护转主寄主　梨树叶片产生毛状物后，在圆柏等转主寄主植物上喷药 1～2 次进行防治，有效药剂同梨树生长期用药。

十一、果面褐斑病

1. 病原

该病是一种生理病害，又称花斑病，俗称"鸡爪病"，是近几年新发生一种果实病害，主要发生在套袋梨的近成熟期至贮运期。以黄冠梨发生较重，尤以果柄涂抹膨大剂的果实发病率最高。发病机理：下雨后梨细胞急剧吸收水膨胀，雨后导致温度降低，出现果肉涨、果皮缩而形成裂变，梨汁液从果皮蜡质层薄的地方流出，遇到空气后单宁和酚类物质氧化变色就形成了"鸡爪病"。

2. 发病症状

发病初期，在果面皮孔周围出现淡褐色至褐色圆形斑点；随着斑点不断扩大，逐渐形成褐色不规则病斑，多个病斑扩展连片，形成不规则大斑，联合病斑近似鸡爪状；后期病斑稍凹陷，但病变组织仅限于表皮，不深入果肉内部。

3. 发病规律

果期涂抹膨大剂的梨在近成熟期遇阴雨连绵时病害发生较重；与品种关系密切，黄冠梨发生较重，黄金梨偶尔发生，'鸭梨'未见发病；果袋透气性差、成熟期阴雨潮湿、有机肥使用量少、氮肥使用过多、钙肥使用量偏少等均可加重该病发生。

4. 防治技术

（1）科学施肥　基肥一定要秋季施入，增施农家肥、绿肥等有机肥及微生物肥料，并配合使用钙肥，按比例施用氮、磷、钾肥及中微量元素肥，平衡土壤养分，是有效防治该病的基础。

（2）保持果园水分均衡　在雨季来临之前，发现旱情，避免久旱不浇水现象发生。

（3）晚套袋，套好袋　选用抗老化性强、疏水性能适中、透气性好的大果袋，提倡套单层白纸袋、单层黄纸袋、外黄内白纸袋等，增强果实光线吸收，提高梨果面抗性，有效减少褐斑病的发生。适当推迟套袋时期，在一定程度上可减轻病害的发生。

（4）科学用药　尽量避免使用果实膨大剂，可显著降低病害发生程度。

（5）果园生草　改善果园小气候，增加土壤有机质等。

(6) 叶面喷施钙肥　落花后至套袋前，结合喷药适量喷施速效钙肥（糖醇钙、氨基酸钙、腐殖酸钙等）与硼（硼砂、硼酸、加拿枫硼、速乐硼等），增加果实硼钙含量，提高果实抗病能力。套袋后至果实近熟期（6月下旬至7月上旬）再补施2次硼钙肥。

(7) 合理修剪　去弱留壮，更新结果枝组，只有壮枝才能结好果。加强夏季管理，及时疏除背上徒长枝和过密细弱枝和下垂枝，保持健壮树势和良好光照。

(8) 精细疏果、合理负载　调查发现，果台副梢上2片叶以下的，褐斑病果多。建议果台副梢上叶片应有3片以上正常大叶片，最好4～5片叶，少于2片叶的果及时疏除，同时疏除细弱枝下垂枝上的果，通过疏果减少褐斑病的发生。

十二、木栓病

1. 病原

目前对病因说法不一，没有定论。大致归纳为冻害、虫害（盲椿象、绿盲蝽，木栓与果皮相连）、缺素（缺硼钙引起，木栓与果皮不连）三种原因。

2. 发病症状

又称糠肉病，几乎所有的品种都会有，品种之间差异较大，'秋月''新梨7号''早酥梨'发生较重，以'秋月'最为突出。表现症状是果皮圆形凹陷或无损，果肉局部失水，绿褐色，后期颜色变褐色，呈无规律性出现。

3. 发病规律

病斑果皮下果肉出现棕褐色，组织绵软，呈海绵状。病斑多集中分布在果皮和近表皮的果肉处，并向周围和果实内部延伸。在果面上的分布，病斑集中于果肩部位，纵剖面从底部至果肩分布有渐增趋势。以'秋月'发生较为突出，是制约该品种的重要病害，以果园郁闭、枝条旺长、采摘晚的果园发生较重。新结果的幼树发生轻，连续结果的老树发生重。

4.防治技术

（1）加强管理，增强树势　增施农家肥、绿肥等有机肥及微生物肥料，并配合使用钙肥，按比例施用氮、磷、钾肥及中微量元素肥，平衡土壤养分，保持果园水分均衡。

（2）做好防冻工作　采用树干涂白、花前灌水、喷防冻液等措施，增强树体抗性和推迟花期，密切关注天气预报，在发生霜冻的凌晨采用人工熏烟等方法来防冻。

（3）做好病虫害的防治　重点做好盲椿象、绿盲蝽的防治工作。

（4）科学选袋、套袋　选用抗老化性强、疏水性能适中、透气性好的大果袋，适当推迟套袋时期。

（5）果园生草　改善果园小气候，增加土壤有机质等。

（6）叶面喷施钙硼肥　花期喷硼，落花后至套袋前，结合喷药适量喷施速效钙肥（糖醇钙、氨基酸钙、腐殖酸钙等）与硼肥（硼砂、硼酸、加拿枫硼、速乐硼等），增加果实硼钙含量，提高果实抗病能力。套袋后至果实近熟期（6月下旬至7月上旬）再补充2次硼钙肥。

（7）合理修剪，合理负载　冬剪后夏剪要跟上，及时疏除徒长枝、过密细弱枝和下垂枝，保持健壮树势和良好光照，尽量留壮枝结果。果台副梢上叶片应有3片以上正常大叶片，少于2片叶的果及时疏除。

（8）适时采收　做到尽量不晚采。

十三、药害

1.发生原因

药剂使用浓度过高、局部药液积累过多、使用敏感性药剂、药剂混用不当、用药方法或技术欠妥等，均可导致发生药害。高温、高湿可以加重某些药剂的药害程度，幼果期一般耐药性差，易产生药害，树势壮耐药性强，树势弱易出现药害等。

2. 发病症状

药害相当于生理病害，发生原因很多，但主要是由于化学药剂使用不当所致。主要表现在叶片和果实上，有时嫩叶也发生，严重时枝干也可受害。在容易聚集药液的部位受害较重。叶片受害，多形成褐色坏死斑或干尖、叶缘焦枯、变色、花叶、穿孔、皱缩、畸形等，严重时全叶萎蔫、枯死；果实受害，轻者导致皮孔膨大，造成果皮粗糙、果锈、坏死斑，重者果面凹陷、畸形、龟裂、脱落，果实受害越早症状表现越严重；嫩枝受害，多形成褐色坏死斑；枝干受害，造成枝干皮层坏死。

3. 防治技术

根据梨树生长发育特点，科学选用和使用优质安全农药，是避免发生药害的最根本措施。

（1）科学使用农药　严格按使用浓度配制药液，喷雾应均匀周到，喷药时避开中午高温时段和有露水时段。

（2）根据果实发育特点和药剂特性，选用优质安全药剂　幼果期避免使用强刺激性农药，如含铜制剂、不合格代森锰锌、含硫黄制剂、质量不好的乳油类制剂等。

（3）科学混配农药　进行二次稀释，规范配药顺序，不同药剂避免随意混用，必须混用时要先进行安全性试验，或向有关技术人员咨询。

（4）科学选用农药　避免选用对梨树敏感性的药剂，梨树幼果期必须选用安全药剂，如甲基硫菌灵、全络合态代森锰锌、戊唑·多菌灵、甲硫·戊唑醇、苯醚甲环唑、克菌丹、多菌灵（纯）、阿维菌素、吡虫啉、啶虫脒、高效氯氰菊酯、高效氯氟氰菊酯、螺螨酯、螺虫乙酯等，并尽量选用悬浮剂、可湿性粉剂、水分散粒剂、水剂、水乳剂、微乳剂等。

(5)加强果园管理　合理修剪，使树体通风透光，降低果园湿度，加强肥水管理，培育壮树，提高树体的耐药能力。

十四、冻害

1. 发病症状

是一种自然灾害，相当于生理性病害，以花和幼果受冻较多，轻时影响品质和产量，重时花芽、幼果冻死，造成绝收。芽受害，轻者造成芽基变褐，影响花芽质量，重者造成芽基变褐枯死，不能正常发芽、开花、坐果；花蕾花器受害，雌蕊耐寒性最差，轻者雌蕊和花托被冻死，花朵照常开放，只开花不坐果，重者整个花器变褐、萎蔫，花柄由绿变黄脱落；幼果受害，以花萼端最敏感，轻者在花萼或萼下端形成变褐环带，变成木栓状环斑，形成"霜环"，影响果品质量，重者小果全部变褐，早期脱落。

2. 发病规律

大多发生于早春，又称倒春寒、晚霜。偶有发生于入冬后，气温骤降。就其形成的条件一般可分为3种类型：平流霜冻、辐射霜冻和混合霜冻。

(1)平流霜冻　由北方大规模的强冷空气侵袭而引起的，造成大范围的急剧降温，冷空气持续时间长。

(2)辐射霜冻　与地表、植被的夜间辐射冷却有关，由于夜间地面或植物辐射冷却而引起的，受地形条件影响较大，特别是洼地、小盆地，冷空气在这些地方堆积，很容易造成冻害，有"霜打洼地"之说。

(3)平流辐射霜冻(混合霜冻)　由冷平流和辐射冷却综合作用而引起的，对果树的危害最严重。

3. 预防措施

(1)加强栽培管理，壮树防冻　增施农家肥、绿肥等有机肥及微生物肥料，并配合使用钙肥，按比例施用氮、磷、钾肥及中微量元素肥。根据树势和施肥水平确定结果量。果实采收后，适当喷施叶面肥（磷酸二氢钾、尿素），继续注意防治造成落叶的病虫害，促进树体营养积累。

（2）合理建园　合理选址，不在低洼处建园，营造防护林带。

（3）树干涂白　于秋季或早春进行，提高抗寒能力，推迟花芽萌动和开花。

（4）灌水降地温　在降温来临前浇水降低地温，增加果园土壤含水量，降低根系土壤的热容量和导热率，减缓夜间温度的下降幅度，对霜冻有较好预防效果。

（5）喷洒石灰水　树冠喷洒1%的石灰水，水遇冷凝结成冰，放出潜热，能提高温度，缓和霜冻危害。

（6）熏烟防寒　熏烟防寒是一种最简单易行的方法，在寒流来的当天凌晨2:00～6:00，在果园周围点燃湿柴草，少见明火多见烟，使果园上方形成一层烟雾，保持到太阳升起以避免寒流的侵袭，也可喷烟雾剂防寒（此方法可根据当前环保要求灵活运用）。

（7）喷营养防冻剂　降温来临前及时喷磷酸二氢钾、氨基酸钙、流体硼、芸薹素内酯、复硝酚钠、红糖等，可提高花器、幼果及枝条的细胞液浓度，增强抗冻能力，同时兼有施肥的作用。

（8）防风法　在果园的风口处设立防风屏障，能使树体免受或少受倒春寒及晚霜等恶劣气候的侵袭，减少、减轻果树冻害的发生。

（9）遮盖法　用塑料布、草帘、苇席、苫布等遮盖果树，保留散发的地热，阻挡外来寒气的侵袭，从而起到减轻霜冻的作用。此法在幼龄果园或低干矮冠的树种上采用最为适宜。

（10）覆地膜　对新植果树，树盘要及时覆盖地膜，可以增加土壤的热传递，改善储热，从而提供防冻保护。

4. 补救措施

（1）加强栽培管理　落花后尽快追肥、浇水，提高树体的营养水平，减轻冻害造成的损失。

（2）做好人工授粉　随气温升高，对晚花树各种品种，抓紧时间授粉，对未受冻的花朵及时人工点授，以减少损失。

（3）叶面喷施营养肥　对正开花的果树喷 0.3% 磷酸二氢钾 +0.2% 硼砂 +0.5% 红糖，增强花蕊的抗寒性；对于落花的果树，应尽快全园喷施 0.5% 红糖 + 芸薹素内酯 1500 倍 +50～100mg/kg 赤霉素混合溶液。

（4）及时喷杀虫杀菌剂　果树遭受冻害后，树体衰弱，抵抗力差，容易发生病虫害，要加强病虫害综合防控，及时喷药防治病虫，尽量减少因病虫害造成的损失。

（5）要适当推迟疏果时间　在疏果时要仔细，在果够用的情况下，尽量留用果面光洁的好果，在果不够用的情况下，为保证产量，要劣中选优，尽量多留果，争取把灾害带来的损失降到最低。

第二节　虫害

一、梨木虱

1. 虫害特征及为害症状

梨木虱属同翅目木虱科，在我国各梨产区均有发生，是梨树上的主要害虫之一，主要以成虫和若虫刺吸芽、叶和嫩梢汁液进行为害，受害叶片叶脉扭曲，叶片皱缩，严重时形成褐色枯斑，产生黏液粘在叶片或果实上。成虫分为冬型和夏型，冬型体型偏大，呈灰褐色或暗灰褐色；夏型体型较小，呈黄绿色色至黄褐色。卵长圆形，初产黄白色后变黄色。初孵若虫扁椭圆形淡黄色，三龄后呈扁圆形绿褐色。

2. 发生规律

在河北1年发生4～6代，以冬型成虫在树皮缝、落叶、杂草、和土缝中越冬。越冬成虫3月上中旬梨花芽萌动时开始活动，萌芽期为越冬成虫产卵盛期，卵期7～10天。若虫有分泌黏液的习性，三龄后在黏液中生活，取食为害。5月以后，世代重叠交错，整个生长季均可为害，6～7月为为害盛期，一般干旱年份发生严重。

3. 防治技术

（1）搞好果园卫生　梨树萌芽前彻底清除果园内的枯枝、落叶和杂草，刮除枝干粗皮和翘皮，果园浇封冻水，消灭越冬成虫。

（2）化学防治　该虫后期世代重叠有黏液，防治较为困难，一定要抓住出蛰期、第一代若虫孵化期（梨落花期）和第一代成虫期这三个关键期进行防治。

越冬成虫出蛰期。第一次清园药：防治成虫和卵，在梨花芽鳞片露白期，即在3月上中旬前后，选择阳光好、温暖无风的天气用药。具体时间确定：连续3天最高温度达到15℃以上，第4天开始用药；如前两天达到15℃以上，第3天低于15℃，则连续5天有4天达到15℃以上，第6天开始用药，间隔7～15天再用第二次药。用低温高效的菊酯类农药，使用浓度为常规浓度的2倍，加入尿素效果更佳。5%高效氯氟氰菊酯乳油500～800倍+尿素100～200倍。第二次清园药：'鸭梨'花序分离期，3月中下旬前后，与上次至少间隔5天以上，用5波美度石硫合剂清园。

第一代若虫孵化。梨落花70%～80%时（以摇落为准），虫体未被黏液覆盖前用药。此期梨木虱都在小叶叶柄基部梗洼处，此次用药要求淋洗式喷雾，水量要大，给树"洗个澡"，对若虫防治效果较好的药剂有亩旺特组合（5%阿维·吡虫啉乳油200ml+速润100ml+22.4%螺虫乙酯悬浮剂100ml用水500kg）、辛网特组合（3%阿维菌素微乳100ml+0.5%苦参碱水剂200ml用水200kg）、1.8%阿维菌素乳油 1000～1500 倍、3.2% 阿维菌素微乳剂 1500～2000 倍、25% 吡虫啉可湿性粉剂 2000～2500 倍、5% 啶虫脒乳油 2500～3000 倍、20% 啶虫脒可溶粉剂 4000～5000 倍、25% 吡蚜酮可湿性粉剂 2000～2500 倍、50% 吡蚜酮水分散粒剂 4000～5000 倍、30% 噻虫胺悬浮剂 2500～3000 倍、30% 噻虫嗪悬浮剂 2500～3000 倍、25% 呋虫胺可湿性粉剂 3000～3500 倍等。

第一代成虫期。即 4 月 20 日至 5 月上旬前后，此时幼虫多在叶片正面，还未分泌黏液，用药容易防治，以后会出现世代重叠，给药剂防治带来困难。用药同上。

二、黄粉蚜

1. 虫害特征及为害症状

黄粉蚜属同翅目根瘤蚜科，俗称"黄粉虫"。在我国各梨产区均有发生，目前所知只为害梨树。主要以成虫和若虫聚集在果实萼洼和梗洼处为害繁殖，果面似有一堆黄粉。果实受害后逐渐变黑，形成容易龟裂的大黑疤，诱发果实腐烂，造成落果、落套。成虫，干母、普通型及性母的成虫均为雌性，形态相似，米黄色，卵圆形，腹管退化，无亮光。雌成虫足不发达，行动困难；卵，长椭圆形，黄色，常数十粒成堆，似一堆黄粉末，故称为黄粉虫；幼、若虫：初孵幼虫长椭圆形，足发达，爬行较快，黄色。当找到固定为害部位后很少移动，身体膨大，足逐渐退化。

2. 发生规律

在河北 1 年发生 8～10 代，繁殖较快，是梨果套袋第一大杀手。以卵在树皮裂缝及枝干上、果台上的残附物内越冬。越冬卵在翌年梨树开花时开始孵化，于翘皮下嫩皮处刺吸汁液，取食为害，羽化为成虫后在原处产卵繁殖，延续后代。

5 月中旬开始向果实转移，1 龄若虫爬到梨果的萼洼处开始危害。

7月上旬多集中到果柄基部及果实萼洼处为害繁殖，以后分散到果面上。

8月中旬，果实近成熟时，为害更为严重。8月下旬至9月上旬，梨果上的1龄若虫开始向翘皮裂缝中转移，寻找越冬场所，转移到越冬部位的若虫，发育为成虫后产卵，卵孵化为雌雄蚜，两性交尾后在果台裂缝、枝干残附物内产卵越冬。

成虫活动能力差，喜在背阴处栖息为害，温暖干燥环境对其发生有利，高温低湿和低温高湿的环境都对其发生不利。按果实生长期来说，以果实急剧膨大期和成熟期受害最为严重。套袋果从果柄的袋口处潜入。一般进袋后一个月使套袋果脱落，所以黄粉虫严重的果园7月10日左右就有落袋现象。

3.防治技术

（1）搞好清园，消灭越冬虫源　梨树落叶后至发芽前认真刮除老粗皮和清除树体上残留物，清洁树干、枝杈、裂缝，彻底清除园内病虫枝、干枯梢、落叶、烂果及碎纸袋，集中烧毁或深埋，消灭部分越冬卵。

梨树芽体膨大至花芽开绽期喷5波美度石硫合剂、45%石硫合剂晶体40～60倍，可大量杀死黄粉虫越冬卵。此遍药相当重要，对控制黄粉虫全年发生极其关键。

（2）果园生草　实施果园生草栽培，改变梨园干燥、高温的小气候，并可以招引接纳天敌，增加天敌的种类和数量。同时在用药时注意保护天敌。

（3）抓好生长期防治　在用药上应抓住5个重点期，采取淋洗式喷雾：①卵孵化期。盛花期后开始注意防治，一般在落花70%～80%时用药。②套袋前转枝期。套前一定要用好药，减少对果面的伤害，把袋口扎紧，绝不能把虫套进去。③套袋后封口期。套袋后要及时打一遍药除防治黄粉虫外，还可以兼治康氏粉蚧。④入袋高峰期。一般在6中旬至7月中旬，此期用药应加量。⑤果实成熟前一个月高发期。常用有效药剂有25%吡虫啉可湿性粉剂2000～2500倍、350g/L吡虫啉悬浮剂5000～6000倍、20%啶虫脒可溶性粉剂4000～5000倍、5%啶虫脒乳油2000～2500倍、50%吡蚜酮可湿性粉剂4000～5000倍、10%联苯菊酯乳油2500～3000倍、30%噻虫嗪悬浮剂4000倍。

（4）入袋后防治　一般6月上中旬开始钻袋为害，要经常查看黄粉虫钻袋情况，一旦发现钻袋，应立即用药防治，防治越早效果越好。用80%敌敌畏乳油800倍液，如果再加上3.2%阿维菌素微乳剂1500倍效果更佳。选择好用药时间，应避开高温，高温时傍晚用药，低温时中午用药，药液量要大，一定要把袋打湿打透。为确保防治效果3天后要再打一遍药。

注意事项　①保证喷药质量。喷药时要用足药液量，应突出枝干、果台、树皮缝和袋口等重点部位，并打透打匀。套袋前喷药雾化性能要好，要改换喷头，提高雾化效果，以免损伤果面。②套袋要规范。套袋应在5月20日前完成，一定要扎紧袋口，不留喇叭口，以防钻袋。③注意用药间隔期，套袋时喷药间隔期一般不超过5天，5天内未套完的应喷药后再套，套袋后用药一般不超过15天。④保护利用天敌。黄粉虫的天敌有草蛉、瓢虫、小花蝽、捕食螨、寄生菌等多种，应注意保护利用。

三、绿盲蝽

1. 虫害特征及为害症状

绿盲蝽属半翅目盲蝽科，在我国除海南、西藏外均有发生，寄主范围比较广泛。主要以成虫和若虫刺吸为害新梢、嫩叶和幼果等幼嫩组织，叶片受害后初期为褐色坏死斑点，后变为洞孔；幼果受害，初期产生水渍状或淡褐色坏死斑点，后期形成凹陷木栓化斑，刺吸斑点多时，果实严重畸形。成虫：全体绿，小盾片三角形；若虫共 5 龄，全体鲜绿，3 龄后出现明显翅蚜；卵黄绿色，长口袋形。

2. 发生规律

河北地区 1 年发生 4～5 代，以卵在果树枝条上的芽鳞内或其他植物中越冬。翌年 3 月下旬梨树花序分离期开始孵化；4 月中下旬是顶芽越冬卵孵化盛期，初孵化若虫集中在花器、嫩芽及幼叶上为害；5 月上中旬为越冬代成虫羽化高峰，也是集中为害幼果时期。成虫寿命长，产卵期可持续 1 个月左右，第一代发生较整齐，后世代重叠。成虫、若虫均比较活泼，白天潜伏，清晨和傍晚进行为害。

该虫主要为害幼嫩组织，梨树上主要为害到 6 月中旬，尤以展叶期至幼果期为害最重，当嫩梢停止生长、叶片变老后转主为害，秋季，部分末代成虫又迁回果园，多在顶芽上产卵、越冬。

3. 防治技术

（1）搞好果园清园　梨树萌芽前，彻底清除园内病虫枝、干枯梢、落叶、杂草等，集中烧毁或深埋，消灭越冬卵。

（2）树干上涂抹虫胶环　在树干中下部涂抹虫胶环，阻止并杀上树的绿盲蝽若虫。

（3）化学防治　绿盲蝽有白天潜伏、早晚上树为害的习性，故尽量在早晨或傍晚喷药效果较好，并连同地面及行间杂草、作物一起喷洒。

喷药时机宜"抓两头"，即春季和秋季，重点在春季。梨树花序分离期至小幼果期是树上喷药防治的关键，一般果园开花前、后各喷药一次，重点做好落花 70%～80% 的用药，个别害虫发生严重果园，需在落花后 10～15 天（花脱帽期）再喷药 1 次。常用有效药剂有：4.5% 高效氯氰菊酯乳油 1500～2000 倍、5% 高效氯氟氰菊酯乳油 1500～2000 倍、10% 联苯菊酯乳油 2500～3000 倍、25% 吡虫啉可湿性粉剂 1500～2000 倍、20% 啶虫脒可溶性粉剂

4000～5000倍、20%甲氰菊酯乳油1500～2000倍、30%噻虫嗪悬浮剂2500～3000倍。

四、盲椿象

1. 虫害特征及为害症状

（1）麻皮蝽属半翅目蝽科　俗称"臭大姐"。食性杂，可为害梨、桃、杏、苹果、枣等果树。以成虫、若虫刺吸果实、嫩叶及叶片汁液进行为害，果实受害处表面凹陷、较硬，呈青疗状，停止生长，导致果实畸形。成虫体长18～24.5mm，宽8～11mm，体棕黑色；若虫共5龄，初孵化若虫近圆形，有红、白、黑3色相间花纹；卵灰白色，鼓形，顶部有钙盖，通常排列成块状。

（2）茶翅蝽属半翅目蝽科　俗称"臭板虫"。在我国分布范围较广，寄主植物很多，在许多果园已逐渐成为重要害虫。主要以成虫、若虫刺吸果实汁液进行为害，果实受害处表面凹陷、较硬，停止生长，后期导致果实形成畸形果。成虫体长15～18mm，宽8～9mm，体呈椭圆形，茶褐色。若虫共5龄，初孵化若虫近圆形，体为白色，后变为黑褐色；卵短圆筒形，单行排列，初产时乳白色，近孵化时呈黑褐色。

2. 发生规律

（1）麻皮蝽　在北方果区1年发生1代，均以成虫在屋檐下、墙缝、草丛及落叶下等隐蔽处越冬。北方果区4月下旬越冬成虫开始出蛰活动，出蛰期2个月，5月下旬开始交尾产卵，6月上旬为产卵盛期，7～8月间羽化为成虫，9月下旬以后，成虫陆续飞向越冬场所，寻找隐蔽处越冬。成虫飞翔能力强，受惊扰时分泌臭液，早、晚低温时常假死坠地，正午高温时则飞逃，离村庄较近的果园受害较重。

（2）茶翅蝽　在华北地区1年发行1～2代，以受精成虫在果园周围的室内外及屋檐下等隐蔽处越冬。4月下旬至5月上旬成虫陆续出蛰，出蛰盛期为5月上中旬，越冬成虫可一直为害至6月，5月下旬开始产卵，6月中旬为产卵盛期，8月上旬仍有卵孵化。6月上旬以前产的卵，在8月以前羽化为第一代成虫，很快产卵，产生第二代若虫。而6月上旬以后的卵，只能发生1代。8月中旬以后羽化的成虫均为越冬成虫。10月后陆续在果园内、外寻找隐蔽场所潜藏越冬。幼果期到采收期均为受害，但以幼果期受害较重。

3. 防治技术

（1）人工防治　成虫越冬前和出蛰期，喜在墙面上爬行停留，利用这一特性进行人工捕杀。在成虫产卵期，发现并收集卵块和初孵化的群集若虫，集中消灭。

（2）果实套袋　果实套袋后可阻止成虫及若虫刺吸为害果实，套袋后要求果实与纸袋之间具有一定空隙。

（3）化学防治　树上喷药防治的关键期是在越冬成虫进入果园时（小麦蜡黄期）和若虫发生初期（6月）。一般前期需喷药1～2次，间隔7～10天，后期喷药1次。常用有效药剂有4.5%高效氯氰菊酯乳油1500～2000倍、5%高效氯氟氰菊酯乳油1500～2000倍、10%联苯菊酯乳油2500～3000倍、20%甲氰菊酯乳油1500～2000倍、30%噻虫嗪悬浮剂2500～3000倍、2.5%溴氰菊酯乳油1500～2000倍。

五、梨茎蜂

1. 虫害特征及为害症状

属膜翅目茎蜂科，在我国各梨产区均有发生。以成虫和幼虫为害梨新梢，尤以成虫为害最重。当新梢长至6～7cm时，成虫开始产卵为害，先用锯状产卵器在嫩梢4～5片叶处锯伤，再将伤口下方3～4片叶的叶片切去，仅留叶柄，不久被害新梢萎缩下垂。幼虫孵化后在残留的嫩茎髓部蛀食。成虫体长9～10mm，翅展13～16mm，体细长、黑色、有光泽。卵椭圆形，长约1mm，稍弯曲，乳白色，半透明。老熟幼虫体长 10～11mm，体稍扁平，淡黄色，尾部上翘，无腹足。蛹为离蛹，全体白色，羽化前变黑色。

2. 发生规律

梨茎蜂一年发生 1 代，以老熟幼虫在被害枝内越冬。翌年梨开花期成虫羽化，'鸭梨'盛花后 5 天为成虫产卵高峰。成虫白天活动，早晚和夜间停息在树冠下部新梢叶背面，阴雨和早晚低温时静伏。成虫产卵期约持续 15 天，卵期 7 天，幼虫孵化后向枝橛下方蛀食，5 月下旬蛀到 2 年生枝附近，6 月中旬全部蛀入 2 年生枝内，8 月上旬老熟后头向下作茧休眠越冬。

3. 防治技术

（1）人工防治　在梨树落花后 15 天内，及时剪除上端枯萎的虫梢，集中销毁。结合冬剪，剪除被害枝橛，集中烧毁。

（2）黄板诱杀成虫　在梨茎蜂发生初期，用黄色粘虫板诱杀成虫。将粘虫板悬挂在树冠外围距地面 1.5m 的树枝上，每亩悬挂长 25cm、宽 20cm 的粘虫板 10～50 片。当粘虫板上粘满虫体时，注意及时更换。

（3）化学防治　成龄果园一般不需要喷药防治，幼树或高接换头的梨园在虫量大时需进行喷药。药剂防治的关键是在成虫发生期及时进行，一般在花序分离期至铃铛球期第一次用药，'鸭梨'落花后立即第二次喷药。常用有效药剂有 4.5% 高效氯氰菊酯乳油 1500～2000 倍、5% 高效氯氟氰菊酯乳油 1500～2000 倍、10% 联苯菊酯乳油 2500～3000 倍、20% 甲氰菊酯乳油 1500～2000 倍等。

六、梨小食心虫

1. 虫害特征及为害症状

属鳞翅目卷叶蛾科，是一种世界性重要果树害虫，在我国除西藏外其他地区均有发生，可为害梨、桃、苹果、杏、李等多种果树，特别在梨、桃产区为害较重。以幼虫蛀食果实和嫩梢，梨果受害后蛀孔周围常形成黑褐色腐烂大斑，俗称"黑膏药"，蛀孔处有虫粪排出。成虫体长 6～7mm，翅展 13～14mm，体灰褐色。低龄幼虫头和前胸背板黑色，体白色；老熟幼虫头褐色，前胸背板黄白色，半透明，体黄白色或粉红色。蛹长约 6mm，长纺锤形，黄褐色。卵长约 2.8mm，扁椭圆形，中央稍隆起，初产时乳白色，半透明，后变成淡黄色。

2. 发生规律

该虫在华北地区 1 年发生 3～4 代，以老熟幼虫在老树翘皮下、枝杈缝隙内和根颈部土壤中结茧越冬。成虫昼伏夜出，对糖醋液、果汁和黑光灯有较强的趋性。3 月底化蛹，4 月中旬产卵，第一代卵主要产在桃树嫩梢 3～7 个叶背面，幼虫大都在 5 月上旬为害。第二代卵主要在 6 月下旬至 7 月上旬，大部分还是产在桃树上，幼虫继续为害新梢，并开始为害桃果和早熟品种的梨。第三代和第四代幼虫主要为害梨、桃及苹果果实。混栽果园食料丰富，各代发生很不整齐，世代重叠严重。在单植套袋的梨园，梨小食心虫整个生长季均取食为害芽和嫩梢，各代发生比较整齐。

3. 防治技术

（1）果实套袋　该方法是防治梨小食心虫最有效的措施。

（2）人工防治　早春刮树皮，消灭在树皮下和缝隙内越冬的幼虫。秋季幼虫越冬前，在树干上绑草把、草绳或瓦楞纸，诱集越冬幼虫，入冬后解下烧毁。生长季节及时剪除被害嫩梢，特别是梨园内外的桃树、杏树、李树等核果类果树上的被害梢，集中深埋或销毁。果实生长中后期及时摘除虫果，并捡拾落地虫果，集中深埋。

（3）诱杀成虫　利用成虫的趋性，在果园内设置糖醋液诱捕器或性诱剂诱捕器，诱杀成虫。糖醋液比例两个配方，白糖:食醋:白酒:水 =3:1:3:80 或红糖:醋:酒:水 =1:4:1:16，并加少量洗衣粉和杀虫剂。

先将水加热到 40℃左右，随后倒入糖使其完全溶化，冷却后加入醋，随后充分搅拌备用。将配制好的糖醋液盛于碗或水盆中，悬挂在树冠北面，距地面高约 1.5m。每亩果园悬挂 8 个左右，相互间隔 50m，注意观察并及时清理盆内的虫体，诱捕到成虫数量高峰下降时，开始用药防治。

（4）迷向丝　3 月底至 4 月初，梨树盛花期果园内悬挂迷向丝，每亩 33 根左右，每行隔 4～5m 树挂一个，最外围两行树每隔 2m 树挂一个，挂于树体 1.5～1.8m 外围枝处。

（5）化学防治　4 月中旬和 5 月上旬是桃树喷药防治的两个关键时期。6 月中旬前后开始向梨园迁飞，危害没有套袋或早熟的梨园，从 6 月上中旬开始用药防治，间隔 15～20 天用一次药，中晚熟梨园第二次膨大期（上糖期）是又一防治重点时期。在果树生长季节利用诱捕器进行虫情测报，观察诱蛾量，观察到成虫羽化高峰期时即可指导用药。效果较好的药剂主要有 200g/L 氯虫苯甲酰胺悬浮剂 3000～4000 倍、4.5% 高效氯氰菊酯乳油 1500～2000 倍、5% 高效氯氟氰菊酯乳油 1500～2000 倍、20% 氰戊菊酯乳油 1500～2000 倍、20% 甲氰菊酯乳油 1500～2000 倍、1.8% 阿维菌素 1500～2000 倍、5% 高氯·甲维盐微乳剂（高效氯氰菊酯含量 4%，甲氨基阿维菌素苯甲酸盐含量 1%）微乳剂 1500 倍、10.5% 甲维·虫酰肼乳油（虫酰肼含量 10%，甲氨基阿维菌素苯甲酸盐含量 0.5%）1000 倍等。

七、螨类

1. 虫害特征及为害症状

在梨树上为害的螨类主要有山楂叶螨、苹果全爪螨和二斑叶螨（白蜘蛛），属蛛形纲真螨目叶螨科。在我国分布很广，可为害梨、桃、苹果、山楂等多种果树，以幼螨、若螨和成螨吸食芽和叶片汁液为害，主要在叶背面活动，严重时也可为害叶片正面和果实，导致大量落叶，造成二次发芽、开花。

2. 发生规律

山楂叶螨1年发生5～13代，苹果全爪螨1年发生6～9代，二斑叶螨（白蜘蛛）1年发生20多代。以雌成虫在树皮缝内、老翘下皮和土块缝隙中越冬。山楂叶螨和苹果全爪螨麦收前后为全年高峰；二斑叶螨麦收时才上树为害，先集中内膛为害，6月下旬开始扩散，7月为害最烈。

3. 防治技术

（1）保护利用天敌　在果园行间种植绿肥植物，通过绿肥植物上发生的害虫培育叶螨的天敌，也可自然生草为天敌提供庇护场所。果园内尽量不喷施广谱性杀虫剂。另外也可人工释放捕食螨、塔六点蓟马等天敌进行防治。

（2）越冬卵防治　结合其他病虫害防治，在梨树发芽前喷5波美度石硫合剂或45%石硫合剂晶体，做好清园工作，消灭越冬螨卵。

（3）诱杀越冬虫源　树干光滑的果园，在果树落叶前，在树干上绑草把、瓦楞纸等诱集越冬雌螨，进入冬季后解下集中烧毁。树干粗糙的果园，在梨树发芽前刮除枝干粗皮、翘皮，集中销毁。

（4）地面防治　利用其前期主要在地面上取食为害的习性，麦收前注意防治树下杂草和根蘖上的害虫，当螨量多时，可专门针对地面进行喷药防治，用药与树上相同。

（5）化学防治　用药防治关键期：①花蕾露白（花序分离）期，是雌成螨集中产卵期。②梨树落花后，是低龄幼螨和卵孵化期，可用5%噻螨酮可湿性粉剂1500～2000倍液，或20%四螨嗪悬浮剂1500～2000倍液防治，虽对成螨没有直接杀伤作用，但可杀卵和初孵幼螨，且使成螨产卵不能孵化。③5月中旬前后，集中防治成螨和大龄幼螨。④麦收以后（6月底7月初），虫口基数迅速扩大期。⑤7～8月。定时查看树上的螨量，达到防治指标及时防治。药剂可用3.2%阿维菌素乳油1500～2000倍、5%唑螨酯乳油

2000～3000倍、15%哒螨灵乳油1500～2000倍、25%三唑锡可湿性粉剂1500～2000倍、20%四螨嗪悬浮剂1500～2000倍液50%丁醚脲悬浮剂2000～3000倍液、240g/L螺螨酯悬浮剂4000～5000倍、110g/L乙螨唑悬浮剂4000～5000倍等。注意不同类型药剂交替使用。

八、康氏粉蚧

1. 虫害特征及为害症状

该虫属同翅目粉蚧科，在我国许多地区均有发生，可为害苹果、梨、桃、李、杏、葡萄等多种果树。以雌成虫和若虫刺吸寄生植物的芽、叶、果实、枝干的汁液。果实上多在萼洼及梗洼处刺吸汁液，受害处果面可出现黄、白、绿不同颜色花斑，刺吸口清晰可见。多雨潮湿时，在果实和叶片上常诱发"煤污病"，套袋果实受害严重。

雌成虫椭圆形，较扁平，体长3～5mm，体粉红色，表面被白色蜡粉。雄成虫体紫褐色，体长约1mm。若虫体扁平，椭圆形、淡黄色，外形似雌成虫。卵椭圆形，长约0.3mm，浅橙黄色，外覆薄层白色蜡粉，形成白色絮状卵囊。

2. 发生规律

该虫1年发生3代，以卵囊在树干及枝条的缝隙等处越冬。喜欢阴暗潮湿的环境。翌年春季梨树发芽时越冬卵孵化，初孵若虫爬到枝、芽、叶等细嫩部分为害，5月中下旬第一代若虫发生盛期，6月上旬到7月上旬陆续开始羽化，交配产卵。7月中下旬第二代若虫集中发生期，8月下旬第三代若虫进入孵化盛期，9月下旬开始羽化，交配后以短时间取食，下树寻找越冬场所，分泌卵囊产卵越冬。10～28℃为适宜生活环境，超过32℃不能蜕皮。

康氏粉蚧第1代危害枝干，第2代和第3代以果实为主，传播范围是"一代堆、二代枝、三代发生满天星"，出蛰后就近活动。若虫出蛰很不整齐,大体分三批,"一批走、一批留、一批长年不露头",就是一大批集中出来进袋为害,一批不定期出来转移,有进袋的、有进树皮缝的,长年在枝干上都能见到该虫爬行,而且大小不一;还有一批少量的根本不出来活动,所以哪一枝有康氏粉蚧,翌年那枝还会有该虫发生。

3. 防治技术

(1)人工防治 发芽前,刮除树体枝干粗皮、翘皮,并集中烧毁,杀灭越冬虫卵。秋季在树干上绑缚草把,诱集成虫产卵,入冬后解下集中烧毁。

(2)化学防治 杀灭第一代若虫为基础,防治第二代若虫是关键,控制第三代若虫是辅助。在套袋果园,防治第二代和第三代若虫尤为重要,必须将害虫杀灭在进袋之前。做好清园工作,喷药用水量要大,喷严实。防治时间一般选择①气温达到26℃以上,麦收以前(5月5日~20日,刺槐开花时)用药防治。②6月底至7月上旬。③8月中下旬。防治效果较好的药剂有25%噻嗪酮可湿性粉剂2000~2500倍、30%噻虫嗪悬浮剂4000~5000倍、20%啶虫脒乳油4000~5000倍、25%吡虫啉可湿性粉剂2000~2500倍、20%甲氰菊酯乳油1500~2000倍。

第三节 鸟害

随着生态环境的改善,鸟的种类和数量增加,梨园里鸟害现象逐渐增多,在梨果套袋期和接近成熟期,常有许多鸟儿为害梨果,果实被鸟啄食后,伤痕累累,失去商品价值,并进一步引发病虫危害,给果农造成了极大的经济损失。鸟害成为梨生产过程中不可忽视的问题，造成的损失常常占产量的 20%～30%，严重的可达 50% 以上，甚至造成绝收。

一、危害梨的主要鸟类

危害梨果的鸟类主要有喜鹊、灰喜鹊、斑鸠、乌鸦、白头翁等。主要表现为取食、啄伤、啄掉和挠掉果实，晚熟品种的危害程度轻于早熟品种。

二、防控措施

（1）果实套袋　果实套袋是简便的防鸟害方法，同时也防病、虫、尘埃等对果实的影响。套袋时一定要选用质量好、坚韧性强的纸袋。

（2）架设防鸟网　防鸟网既适用于大面积的果园，也适用于面积较小的果园。在山区的果园采用黄色的防鸟网，平原地区的果园采用红色的防鸟网。在冰雹频发的地区，应调整网格大小，将防雹网与防鸟网结合设置。防鸟网是最有效的防鸟措施，但防鸟网成本较高，而且使用寿命短，冬季易被大雪压塌，每年果实采收后必须收起来，比较费工，而且受烈日暴晒和风雨侵蚀容易老化破裂。

（3）安装驱鸟器　使用智能语音驱鸟器，可持续、有效地实现果园广域驱鸟，也有一定的驱鸟效果。

（4）设置反光带或光盘　利用反光带和光盘反射阳光的原理，反射出来的光会刺激鸟的视觉，让其不敢靠近果园的四周，可以起到驱鸟的效果。在树上悬挂废旧光盘或顺树行架设 1～2 道反光带，由于经日光暴晒后反光带和效果会变差，应及时更换。

（5）涂抹悬挂驱鸟剂　在树上涂抹悬挂驱鸟剂，可缓慢持久地释放出一种影响鸟类中枢神经系统的清香气体，鸟雀闻后即会飞走。驱鸟剂能有效驱赶，不伤害鸟类，绿色环保，对人畜无害。

（6）果园养鹅　通过北京市林业果树科学研究院开展的梨园养鹅防治鸟害的试验，证明梨园养鹅防治鸟害效果优于目前市场上销售的驱鸟剂，养鹅的梨园鸟啄果率为1.8%，而使用驱鸟剂的梨园鸟啄果率为7.3%。梨园养鹅还可以充分利用树下空间，增加梨园收入；鹅啄食杂草，可节省梨园除草费用；粪便还田，可肥沃土壤，一举多得。平均每亩每年可增收节支400元以上。

品种选择：选用适应性强、病害少、成活率高的品种，可减少养殖成本。朗德鹅为首选，朗德鹅又名灰雁，也可选用普通鹅品种。梨园养鹅以生产为主要目的，用来预防鸟害并抑制杂草，在养鹅投入较低的情况下，鹅的养殖密度以每亩5只左右为宜，生长期长、产草量大的地区，养殖密度可大些。鹅苗应分期购买、分期轮放、分期出栏、永续利用。较大梨园应划分小区，分区轮牧式放养，可用40～50cm高的网分隔成若干块地，每群一般不要超过100只。每块地多设几个饮水点，最好设在地块的边角位置，促使鹅扩大活动范围，提高驱鸟、除草的效果。

参考文献

刘洪章, 赵和祥, 2008. 梨树栽培技术 [M]. 长春: 吉林科学技术出版社.

王江柱, 王勤英, 2015. 梨病虫害诊断与防治图谱 [M]. 北京: 金盾出版社.

郗荣庭, 1999. 中国鸭梨 [M]. 北京: 中国林业出版社.

翟中秋, 刘广, 1993. 北方果树管理技术 [M]. 辛集: 科技出版社.